AF493829

LE

TOURISTE AU SALON

Paris. — Imprimerie de P.-A. Bourdier et Cie, rue Mazarine, 30.

H. MANDEVILLE. LIBRAIRE. EDITEUR.

17, Rue Guénégaud. Paris.

TOUS LES LIBRAIRES DE LA FRANCE ET DE L'ETRANGER.

E. DE LIMAGNE

LE TOURISTE AU SALON

SOUVENIRS

ET

VOYAGES

PARIS
H. MANDEVILLE, LIBRAIRE-ÉDITEUR
RUE GUÉNÉGAUD, 17
CHEZ LES PRINCIPAUX LIBRAIRES DE LA FRANCE ET DE L'ÉTRANGER
1862

TABLE

J. M. W. TURNER R. A. PINXT — A. WILLMORE SCULPT

RUINES ET SPLENDEURS

LE

TOURISTE AU SALON

RUINES ET SPLENDEURS

DOUCES haleines de mai, heures délicieuses du matin, nature riche de votre robe du printemps, belles nuits étoilées, toute votre féerie sert d'aliment à ma tristesse. Partons... Fuyons!

« Avec le voyage, l'intelligence et l'enthousiasme se réveillent à la fois. Au logis, tout pèse, même l'étude. Le travail est fade ou hâté et fiévreux. En courant, je trouve tout ce qui me fuit dans la vie sédentaire, je ressaisis les bons moments que je dédaignais autrefois, alors que j'étais riche, car l'avenir ne me manquait pas... La vue de la nature émeut mon cœur, elle alimente la source de mes idées, ces ardentes voyageuses qui courent d'un pôle à l'autre, en traversant le monde; et je vis plus dans mes heures de voyage que d'autres dans la moitié de leur existence. La vraie vie pour moi est celle de l'émotion. En voyage, enfin, il me semble que ma place est plus large au soleil... J'aime à marcher sans savoir l'heure du retour!... Ne faut-il pas avoir le loisir de chercher des fleurs dans les broussailles et des coquillages sur les grèves?... Le soir, ne faut-il pas prendre le temps de regarder les étoiles et d'y rêver un asile?... Quand pourrai-je me promener sur cette terre en voyageur contemplatif?

« Ne reverrai-je plus la pensive Allemagne? N'entendrai-je plus la langue divine de Rome et de

Florence?.... Ne verrai-je jamais les rives inconnues dont me parle l'oiseau de passage qui nous revient avec le printemps?

« L'air manque dans les pays aux mœurs stagnantes; allons respirer sur la cime des Alpes ou dans les savanes du Nouveau Monde.

« Voyageons, courons; n'est-ce rien que de demeurer où l'on se trouve bien, de quitter le lieu où l'on se sent mal, de manger quand on a faim, de boire quand on a soif, et de ne saluer d'autres volontés que la sienne?... Pour moi, c'est là vivre!... J'aime la nature, les bois, les horizons lointains, les vallées qui, le soir, se remplissent de voix aériennes, et les sillons où la pensée germe à côté de l'épi. J'aime les torrents fougueux et les plantes sauvages qui poussent librement sous l'œil de Dieu.

« J'aime les astres avec leurs beaux scintillements, les eaux avec leurs cris ou leurs murmures, et les champs éthérés où l'aigle vit en roi. J'aime les monts, l'air et le ciel, et les vastes horizons où plane la liberté.

« L'homme n'est-il pas né pour être libre par la volonté de Dieu?

« Fleur qui livres ton parfum, soleil qui épands tes rayons, nature qui luis et chantes, je vous salue! »

Voilà l'harmonieuse invocation d'un poëte, d'un touriste du grand monde, madame la baronne de MONTARAN! Nous serions bien tentés de nous mettre à sa suite si nous n'entrevoyions, dans toutes ces excursions lointaines, les déceptions que la réalité nous ménage lorsqu'elle fait écrouler successivement tous les rêves, toutes les fantasmagories de notre imagination.

Si je cherche l'ancienne Rome dans la Rome actuelle, je ne vois que des ruines épargnées par le temps! La douane est dans le temple de Neptune, la colonne d'Antonin se dresse au milieu des fiacres, et le portique d'Octavie abrite le marché aux poissons.

L'ancienne Rome, comme l'a dit en fort beaux termes M. J.-J. AMPÈRE, membre de l'Académie française, est surtout sous la Rome de nos jours. Creusez où vous voudrez cette couche de débris qu'ont accumulés les siècles, et partout vous trouverez le sol antique, vous verrez reparaître à la lumière les puissantes dalles de la montée Triomphale ou de la voie Sacrée; vous foulerez le pavé déterré de la basilique Julienne, et de ces profondeurs vous entendrez les bruits de la terre au-dessus de votre tête passer comme une chose étrangère; dans les arrière-boutiques et dans les caves, vous découvrirez les gradins des amphithéâtres. On ne peut remuer le sol que la pioche ne sonne contre un débris...

Quand on se promène dans les rues de Rome, on peut se dire : Chaque fois que le talon de ma botte frappe le pavé, il indique peut-être le gisement d'un chef-d'œuvre.

Athènes est-elle mieux partagée que Rome, et ses splendeurs égalent-elles ses ruines? — Non, assurément, à Rome on marche au sein d'un rêve magnifique en reconstruisant, grâce aux débris qui sont restés debout, la Rome des Scipions et des Césars; mais Athènes n'est plus qu'une sorte de village. Là, tout est calme, tranquille et placide; des champs, des clôtures, des jardins, des terrains vagues, cultivés ou en friche; un cavalier ou un ânier qui passe; une charrette basse chargée en forme de dôme et traînée par deux bœufs qui disparaissent presque en entier sous la mouvante fenaison.

On lit dans la langue de Démosthènes et d'Homère une enseigne de cabaret, de parfumeur ou de modiste, et un guide bavarois vous apporte à l'hôtel où vous êtes descendu l'ordre topographique des visites que vous êtes convié à faire au passé, savoir : *le Temple de Thésée, la Tribune aux harangues, la Lanterne de Démosthènes, l'Acropole, le Parthénon*, etc., etc.

« Il y a deux manières de voir un monument ou une ruine et d'en garder le souvenir, » a dit un savant professeur, un voyageur d'un esprit essentiellement parisien, M. Broutta. « Le peintre et l'archéologue précisent sa position et relèvent tous les détails qui se rapportent à l'époque de sa construction, au caractère de son architecture ; ils ne feront grâce ni d'une volute, ni d'une architrave ; les fresques, les colonnes, les statues mutilées ou debout, les toits effondrés ou croulants, le pavé brisé ou intact, les traces de la dévastation ou les soins d'une conservation presque toujours plus dévouée qu'intelligente : voilà ce qu'ils peuvent sans doute reproduire par la parole ou le dessin. Pour moi, je m'arrête volontiers devant la ruine ; volontiers encore j'en fixe le souvenir dans ma mémoire, le dessin dans mon album ; puis alors il s'établit d'elle à moi une causerie douce et calme, insinuante et progressive. Peu à peu, la vie arrive et peuple le monument ; elle circule à l'entour ; elle ressuscite les générations éteintes ; elle jette les mille voix de la foule ou la rêverie solitaire à l'écho des portiques, à la vaste enceinte des places ou des marchés, à l'intimité des maisons, à la hautaine représentation des palais, et sans me soucier des questions proprement dites d'architecture et d'art, j'écoute ce que le passé nous apporte de méditations ou de rêveries !...

« Sombres cloîtres de l'Allemagne et de France, aujourd'hui transformés ou détruits ; burgs démantelés du Danube et du Rhin, ruines féodales ou ruines d'hier, façade merveilleuse d'Heidelberg, solitaire Hradschin, colonnade du Parthénon, remparts écroulés de l'antique Byzance, champs de bataille où la moisson foisonne sur une terre engraissée de cadavres, que de fois je me suis arrêté devant vous, heureux de ma nonchalante pensée, revenant sans cesse sur mes pas, retournant vous voir après vous avoir vus déjà, et sentant toujours quelque chose de meilleur qui par vous m'arrivait à l'intelligence et à l'âme !... »

— Oui ! les ruines sont éloquentes sans doute, mais il faut que le fantôme de l'imagination vous prenne par la main et vous conduise de tombe en tombe, sur la poudre des siècles effacés. Or, je vous le demande, ami lecteur, est-il donc besoin de quitter son foyer domestique, de sortir de son milieu aimé, de son salon, enfin, pour recréer par la pensée les vestiges des temps anciens ? Je soutiens tout au contraire qu'avec de bons livres on peut évoquer ce spectre, lugubre ou riant, comme on le voudra, et l'interroger avec la patiente curiosité de l'homme qui, les pieds mollement étendus devant son feu, n'a pas de chemin de fer à prendre, de guide importun ou de cicerone ignorant à congédier.

Quoi de plus beau, par exemple, si vous voulez marcher sur des ruines, que cette page émouvante de Volney ?

« Ici, me dis-je, ici fleurit jadis une ville opulente, ici fut le siége d'un empire puissant. Oui !

ces lieux, maintenant si déserts, jadis une multitude vivante animait leur enceinte, une foule active circulait dans ces routes aujourd'hui solitaires. En ces murs où règne un morne silence retentissaient sans cesse le bruit des arts et les cris d'allégresse et de fête; ces marbres amoncelés formaient des palais réguliers; ces colonnes abattues ornaient la majesté des temples; ces galeries écroulées dominaient les places publiques. Là, pour les devoirs respectables de son culte, pour les soins touchants de sa subsistance, affluait un peuple nombreux; là, une industrie créatrice de jouissances appelait les richesses de tous les climats; et l'on voyait s'échanger la pourpre de Tyr pour le fil précieux de la Sérique, les tissus moelleux de Kachemire pour les tapis fastueux de la Lydie, l'ambre de la Baltique pour les perles et les parfums arabes, l'or d'Ophir pour l'étain de Thulé.

« Et maintenant, voilà ce qui subsiste de cette ville puissante, un lugubre squelette! Voilà ce qui reste d'une vaste domination, un souvenir obscur et vain! Au concours bruyant qui se pressait sous ces portiques a succédé une solitude de mort. Le silence des tombeaux s'est substitué au murmure des places publiques. L'opulence d'une cité de commerce s'est changée en une pauvreté hideuse. Les palais des rois sont devenus le repaire des bêtes fauves; les troupeaux parquent au seuil des temples, et les reptiles immondes habitent les sanctuaires des Dieux!... Ah! comment s'est éclipsée tant de gloire!... Comment se sont anéantis tant de travaux!... Ainsi donc périssent les ouvrages des hommes!... Ainsi s'évanouissent les empires et les nations!... »

Que si ces images grandioses attristent votre esprit, renvoyez le triste fantôme, faites appel à tous les châteaux en Espagne. Si l'hiver a dépouillé les champs, un salon bien fermé, de grands rideaux de soie qui ne laissent pénétrer que le demi-jour, si bien que du dedans on ne sait pas quel temps il fait dehors, et si le ciel est gris ou bleu, le temps chaud ou froid; des tableaux riant dans leurs cadres, des fauteuils larges et doux, un grand feu qui petille, qui éclaire et égaye tout cela : voilà le théâtre de vos excursions. Feuilletez vos albums, ouvrez vos livres favoris, regardez tour à tour ces tableaux de genre, ces paysages, et faites avec M. Xavier de Maistre un voyage, non autour de votre chambre, mais autour de votre salon.

Le Touriste au salon ne voit pas son itinéraire borné comme celui que lui impose l'intimité de la chambre. Au salon, il peut penser tout haut et parcourir avec son auditoire les méandres capricieux d'une conversation générale qui touche, si bon lui semble, à tous les points du globe habité. Dans la chambre, au contraire, l'espace est plus circonscrit; le touriste ne se livre qu'à l'amitié, et ce qu'il confie à un seul témoin, ne doit pas aller au delà de son alcôve.

Est-ce à dire pour cela que le touriste au salon ne peut aborder, comme le capitaine Cook, que des rives lointaines, inconnues, et ne se livrer exclusivement qu'à des récits descriptifs, laissant là le domaine si étendu de la psychologie? pardon de ce mot scolastique, disons tout simplement le domaine du cœur. Non, certes, notre touriste a devant lui un champ illimité. L'esprit de la conversation, tel qu'on le comprend dans les salons élégants, a ses coudées franches, pourvu qu'il soit poli et ne blesse aucun des usages reçus.

Quand arrive le moment du départ, toutes les soirées, toutes les fêtes sont autant d'adieux. Chaque maîtresse de maison dit : Venez demain, venez après-demain, ce sera *mon dernier mardi*, ce sera *mon dernier samedi*. Ce qui rappelle ce fameux billet d'invitation d'un romancier célèbre : Le vicomte et la vicomtesse de *** prient M. le marquis et Mme la marquise de *** de leur faire l'honneur de venir passer la soirée chez eux, le vendredi 12 mai prochain, *ce sera leur dernier jour.*

« Que faites-vous de votre été? C'est la question, dit le vicomte de Launay (Mme de Girardin) dans ses *Lettres parisiennes*, et l'on est étonné de la variété des réponses. Les uns disent : Je vais à Baden, venez-y, Mme M***, de B*** y seront ; il y aura plusieurs de vos amis.

« D'autres disent : Nous allons à Dieppe, venez, les bains de mer vous feront grand bien. — Mais je me porte à merveille. — Alors, ils vous feront du mal ; c'est égal, venez toujours, vous n'en prendrez pas. Quelqu'un s'écrie : moi, je vais à Spa ; qu'est-ce qui veut venir avec moi ? — Je veux bien, dit un plaisant, mais c'est à une condition, c'est que nous prendrons par Toulouse, où je dois aller voir ma sœur. — Soit, je vous accompagnerai jusqu'à Toulouse ; mais alors, au lieu d'aller à Spa, nous irons à Bagnères. — Comme vous tenez à vos projets ! — Ah ! le but du voyage m'est indifférent, pourvu que je ne sois pas à Paris au mois d'août, c'est tout ce que je demande. — Et vous, madame, ne viendrez-vous pas dans notre voisinage aux eaux de Néris? elles sont toujours très à la mode. Vous paraissez souffrante : ces eaux-là vous conviendront parfaitement. — Je ne crois pas à la puissance des eaux. Ceci veut dire : c'est le chagrin qui me rend malade, et les eaux les plus ferrugineuses ne guérissent pas les peines du cœur.

« — Et vous, madame la duchesse, que ferez-vous ? — Je m'en retourne aux champs, et je me réjouis de voir ma chère Touraine et de reprendre ma bonne vie de fermière. — Oh ! je me défie des duchesses fermières. — Et vous avez bien tort. Une fois de retour au village, je me transforme complétement ; je mets une grosse robe de laine et de grands sabots, et je cours les chemins comme une véritable paysanne. Vous me prendriez pour une gardeuse de dindons. — J'en doute, madame, et je crois qu'en fait de rusticité vous devez ressembler beaucoup à la princesse C***. Elle aussi a voulu se faire fermière pour rétablir sa fortune que les événements politiques avaient endommagée. — Eh bien ! que lui est-il donc arrivé ? — Il lui est arrivé de dire le plus joli mot de princesse-fermière qui se puisse imaginer. Sa sœur et son beau-frère étaient venus la voir ; elle leur faisait, avec sa bonne grâce ordinaire, les honneurs de son château, elle leur expliquait tous les soins qu'elle faisait donner à sa basse-cour, une basse-cour modèle dont elle s'occupait elle-même. — Voyez mes poules et mes poulets, disait-elle, comme ils sont beaux ! vous en mangerez à dîner. Quant à mes canards, je ne vous en donnerai point, je ne veux pas qu'on en serve sur ma table ; *je les laisse devenir des oies* pour les vendre plus cher. . . . . . »

Puis vient l'heure du retour... On entend de nouveau les voix qui nous sont chères ; on sent battre les cœurs qui nous sont ouverts... N'est-ce donc rien que le plaisir de raconter, de dire : J'étais là, j'ai vu ? On apprend tant de choses en courant le monde : l'histoire et le roman se recueillent sur le grand chemin. Tous se pressent autour du voyageur pour l'entendre.

La conversation des salons redevient alors une suite de questions pour la plupart sans réponse. Les arrivés d'hier disent avec empressement : Je ne sais rien ; Que fait-on? Que lit-on? Que joue-t-on? De quoi parle-t-on? Quelle pièce faut-il aller voir? Quelle est l'étoffe à la mode?

« Dans les premiers moments du retour, le dialogue est fort embrouillé; bientôt heureusement, la médisance l'éclaircit. — J'ai passé un mois chez les Dumersac, dit l'un; Dieu! que j'ai eu froid dans leur vieux manoir! C'est très-beau, le donjon est admirablement bien conservé, mais c'est un vrai grenier. — Oh! ce devait être affreux; le moyen âge n'est supportable qu'avec un poêle dans chaque chambre. — Un poêle! bah! nous n'avions pas même un fagot dans la cheminée. Dumersac est un homme administratif; jamais chez lui on n'allume du feu avant la Toussaint, c'est la règle. Ce n'est point par avarice, c'est un système; car, une fois la Toussaint venue, il mettrait le feu à la maison sans y regarder. Ses gens vous accablent des combustibles les plus variés, de bûches énormes, de charbon de terre, de sarments, de mottes, de pommes de pin; ils ne vous refusent plus rien, la Toussaint est venue! — Eh bien, l'année prochaine, arrangez-vous pour n'aller chez Dumersac qu'après la Toussaint. — Je me suis arrangé pour l'année prochaine; je compte n'y pas aller du tout. . . . . .

« Moi, dit un autre voyageur, j'avoue que je me suis fort ennuyé; j'ai passé deux mortels mois chez les Chèvremont, des vaniteux avares! C'est tout dire. Rien n'est plus triste, à mon avis, que d'être affreusement mal chez des gens qu'on envie malgré soi à tous les moments, que de souffrir toutes sortes de privations, entouré d'un luxe admirable. Figurez-vous un château magnifique où l'on manque de tout, un immense salon où l'on ne se tient pas parce qu'il est trop bien meublé. On habite les petits appartements, c'est-à-dire qu'on s'entasse dix personnes dans un boudoir où l'on ne serait bien qu'en tête-à-tête, en se plaisant et en s'aimant beaucoup. On y étouffait. Aussi, la petite baronne de R*** et moi, nous passions notre temps dans le jardin. Figurez-vous une salle à manger longue comme un réfectoire, sculptée, ornée de la plus riche façon, et point de tapis sur la table! Du vin de cabaret dans des cristaux dignes d'un roi; du linge de toute beauté mal blanchi, mal repassé; des assiettes du Japon mal essuyées; du pain humide et grisâtre, affectant des formes parisiennes; des ragoûts exigus, mystérieux et prétentieux dont l'origine est impénétrable, mais dont l'horrible assaisonnement est certain. Oh! ne me parlez pas de ces gens qui veulent être à la fois grands seigneurs et raisonnables; ile se permettent un cuisinier, mais c'est à condition qu'il sera mauvais. J'oubliais de vous dire que sous prétexte de sa santé délicate, madame de Chèvremont nous envoyait tous coucher à neuf heures. On éteignait les lampes, on fermait les fenêtres; à dix heures tout le château était plongé dans le sommeil, excepté nous cependant; nous nous réunissions trois ou quatre dans l'appartement de la petite baronne, c'est une femme assez gentille et qui ne cause pas mal. Là nous tâchions de nous dédommager quelques moments des ennuis de la journée. Fagerolles était des nôtres, et sa folle gaieté nous était d'un grand secours; il a le talent de contrefaire tout le monde, il contrefait Mme de Chèvremont de la manière la plus plaisante. Je ne sais comment il fait pour lui ressembler ainsi, mais c'est à mourir de rire. Un soir, il avait emprunté un châle et un bonnet à la baronne; la vieille femme de chambre de Mme de R*** lui avait aussi confié un tour de cheveux orange tout à fait pareils à ceux de Mme de Chèvremont, et voilà que, sans nous prévenir, il est entré tout à coup à une heure du matin comme nous étions en train de prendre le thé; nous avons cru que c'était elle. Il nous a fait une peur! Ah! nous en avons bien ri! Le frère de la baronne a fait sur cette mystification une chanson ravissante qu'il est allé chanter sous les fenêtres de Mme de Chèvremont en s'accompagnant de sa guitare. De son côté, la baronne, qui ne dessine pas mal, a fait du vieux Chèvremont une charmante caricature. Le brave homme est représenté à cheval, en bonnet de nuit et en robe de chambre sur son poney; il est délicieux ; vous verrez cela dans mon album.

« — Mais il me semble, monsieur, que vous vous êtes fort amusé dans ce château si ennuyeux? Vous passiez la journée à vous promener avec la petite baronne; le soir, vous vous réunissiez chez elle avec de joyeux compagnons. Vous restiez là jusqu'à une heure du matin à rire, à faire des chansons, des caricatures. Je doute que les plaisirs de votre hiver vaillent les ennuis de votre été.

« — Moi, monsieur, reprend un autre interlocuteur, vieillard assez spirituel, qui s'est accordé le droit de tout dire, je ne suis ni content ni mécontent; je ne me suis ni amusé ni ennuyé. A mon âge, respirer un air pur et regarder un beau paysage, c'est le seul plaisir que l'on demande à la campagne. J'étais chez Mme du Treillage, une très-aimable personne que je connais depuis longtemps et chez laquelle je suis traité tout à fait en ami de la maison, un peut trop même, et j'aurais le droit de m'en plaindre, ajouta le malin vieillard, car il est de certaines attentions que Mme du Treillage avait pour les gens qui lui rendaient visite et qu'elle supprimait pour moi. Oui, je m'explique : pour tout le monde, elle est grasse et bien faite, pour moi, elle osait être maigre à faire peur. Vous riez, mais c'est la vérité. Le matin à déjeuner, nous étions seuls ensemble, elle apparaissait en simple peignoir : c'était une ombre, un vrai squelette; les plis de sa robe tombaient droits jusqu'à terre, elle me faisait pitié; et puis, tout à coup, à dîner (il y avait toujours grand monde à dîner), elle revenait avec la plus jolie taille, ronde, coquette, gracieuse : c'était charmant. Dans cette subite métamorphose, je remarquais des variétés qui m'amusaient beaucoup. La beauté de sa taille augmentait en proportion de l'importance et de la dignité des personnes qu'elle attendait. Elle fait grand cas des titres, vous le savez. Or, pour un comte, elle n'était que potelée et rondelette; pour un marquis, c'était la Vénus de Milo; pour un lord, elle se faisait une tournure circassienne; pour un duc, ses grâces allaient presque jusqu'à l'obésité; et pour moi, rien... pour moi qui suis un vieil ami de sa famille, moi qui ai rendu de si grands services à son mari, elle ne faisait pas les moindres frais : c'était humiliant. Je méritais qu'elle eût pour moi plus d'égards et plus....... d'embonpoint.

« — Que vous êtes tous méchants! s'écrie la jolie Mme H***, et que c'est mal de médire ainsi de châtelains qui vous ont si bien reçus! Ne vous ont-ils donc invités à venir tout l'été chez eux que pour y étudier plus à votre aise leurs défauts?

« — Oui, sans doute, puisqu'ils ne vous ont pas offert d'autres plaisirs. »

La morale de tout ceci, c'est qu'on est bien fou de se gêner pour recevoir à la campagne des importuns qui ne trouvent souvent chez vous que le plaisir de s'amuser à vos dépens; qu'il ne faut admettre dans la vie intime que les amis que l'on connaît depuis longtemps et sur qui l'on peut compter. Pour nous, en écoutant de tels récits, nous nous réjouissons sincèrement d'avoir refusé les agréables invitations qui nous ont été faites. Il est cruel d'aller s'enfermer un mois chez des amis pour découvrir qu'ils sont beaucoup moins aimables qu'on ne le croyait; qu'ils ont toutes sortes de manies, de prétentions, de défauts; qu'ils sont avares, qu'ils sont vaniteux et surtout ennuyeux. Il vaut mieux passer l'été à Paris et garder ses illusions; la santé y perd, mais l'amitié y gagne et mérite bien qu'on lui fasse un tel sacrifice. Les amis qui peuvent supporter l'épreuve de la campagne sont si rares, et ceux qui la supportent avec avantage sont si dangereux! Après trois mois de solitude dans un château, il faut se haïr ou s'aimer. C'est à Paris justement qu'on peut résoudre ce beau problème des douces relations sans intimité, qu'on peut se voir tous les jours avec le plus grand plaisir et la plus parfaite indifférence. Paris a pour les affections un climat vague, ni chaud, ni froid, ni bon, ni mauvais. C'est moins qu'une serre tempérée : c'est une atmosphère d'orangers où rien ne fleurit, mais où rien ne meurt.

Prenons place dans ce milieu si favorable aux entretiens de l'esprit, et courons avec nos lecteurs à travers champs sans quitter notre fauteuil, sans dépasser les limites de notre salon.

En courant, l'esprit reçoit les mêmes impressions que le corps. Les images multiples et colorées des sentiers parcourus rafraîchissent la pensée, et, chose digne de remarque, ce ne sont pas les grandes choses de la vie qui vous touchent le plus, ce sont les douces émotions, les bruits imperceptibles du cœur que vous recueillez, que vous savourez avec joie. Quoi de plus ineffable que les communications d'âme à âme avec les inconnus de tous les pays? n'écrit-on pas pour les cœurs sympathiques? Penser tout haut et se dire : J'ai là autour de moi, dans mon salon, des auditeurs bienveillants, invisibles, qui m'écoutent avec intérêt, des sylphes ailés qui vont me suivre par monts et par vaux, sans se faire jamais tirer par la main, comme l'enfant fatigué rentrant au logis après une course laborieuse. N'est-ce pas là une de ces heureuses fictions qui peuplent la solitude?

C'est donc à vous, mes amis, mes lecteurs, mes compagnons de route, que je fais appel. Asseyez-vous là autour de moi. Que la porte des voyages et des souvenirs s'ouvre à deux battants, et qu'elle nous laisse passer au milieu des champs aimés de la pensée, au milieu des rives fleuries de l'imagination!

T. WEBSTER. R.A. PINXT   W. RIDGWAY, SCULPT

L'HEURE DE LA CLASSE.

L'HEURE DE LA CLASSE

L'aubépine avait pris sa robe rose et blanche,
Un bourgeon étoilé tremblait à chaque branche,
Ce n'étaient que parfums et concerts infinis,
Tous les oiseaux chantaient sur le bord de leurs nids.

C'ÉTAIT le printemps, le printemps avec son premier sourire, tel que l'a chanté Brizeux ; il fallait aller à la campagne ou mourir ; mais rassurez-vous, la campagne du Parisien pur sang ne se trouve pas au delà des Alpes ou des Pyrénées, elle est là sous sa main, à Passy, Auteuil, Meudon, Saint-Cloud, Chatou, Asnières, etc.

Dès que la première heure du printemps a sonné, le bourgeois de Paris consulte sa montre et son baromètre ; il ne peut plus rester à la ville, il y étouffe, dit-il. A peine a-t-il dépassé le mur d'enceinte, qu'il hume à pleine poitrine la brise de la banlieue, et s'écrie, comme le berger de Virgile : O fortunés maraîchers, comme vous ignorez votre bonheur! que je voudrais être à votre place! Et cette *printomanie* envahit tout, depuis l'humble mansarde jusqu'à la maison la plus fortunée, la plus altière.

Pour les femmes, a dit un de nos plus spirituels chroniqueurs, l'auteur de *la Vie à Paris*, AUGUSTE VILLEMOT, la campagne d'Opéra-comique, aux portes de Paris, est encore une trêve et un repos. C'est un prétexte aux longues courses autour d'un verger de cinquante mètres carrés ; c'est une occasion honorable de se soulager des diamants, des colliers, des broches, des bracelets et de tout ce harnachement de l'élégance des salons, qui pèse tant aux bras et aux épaules de la victime, et un peu plus à la bourse du mari.

Mais pour l'homme qui a des affaires à Paris, la campagne suburbaine devient un petit enfer. Il part le matin par le premier convoi, il rentre au domicile politique, veuf de toute domesticité, et est réduit à se servir lui-même. S'il cherche une chemise, il trouve toutes les armoires fermées; s'il veut un mouchoir, il est obligé de le voler. Occupé tout le jour au Palais de Justice, à la Bourse ou dans quelque autre étuve de la grande usine parisienne, il lui faut, vers six heures, tout suant, tout poudreux, un melon sous le bras gauche, des dossiers sous le bras droit, un homard dans sa poche, de la laine de Berlin dans son chapeau, courir au chemin de fer; de la station prendre le chemin des vignes, traverser le pays au grand soleil pour gagner son ermitage. Là, sans se donner le temps de souffler, il s'assied devant un fricandeau; il déteste le veau : mais le pays est affamé, le boucher ne tue que le samedi, et quand on veut un gigot, il faut s'inscrire trois jours d'avance. Le soir, arrivent les voisins de campagne; on parle du beau temps, des affaires, du cabriolet de M. le maire, et des ridicules de la femme de l'adjoint, ancienne confectionneuse, qui se dit fille d'un général. On fait quelquefois un whist, et on se couche par là-dessus, pour recommencer le lendemain. Ce n'est pas d'une gaieté folle, *mais on est à la campagne, et on jouit de la paix des champs.*

La vie de château dans la campagne *nature* est très-certainement la plus large et la plus indépendante qui soit en ce monde. La vie de campagne, aux portes de Paris, en est la charge, la caricature et l'envers. Cette manie est cependant une de celles qui excitent le plus les fermentations de l'ambition bourgeoise. Pour avoir une campagne, le bourgeois descend à toutes les capitulations, et s'accommode de toutes les illusions. J'en ai connu un qui avait des lapins dans un tiroir de commode. J'en sais un autre qui avait pour ombrage un parapluie suspendu et garni de feuillage. Certains boutiquiers, épuisés par le travail de la semaine, se reposent le dimanche en construisant des berceaux, en tirant de l'eau du puits et en ravageant la terre pour y planter des haricots d'Espagne. Il en est d'assez pervers pour se ruiner en cloches à melons. Un jour, cette magnifique culture aboutit à une petite citrouille grosse comme la boule d'un bilboquet, et à peu près aussi tendre. Ce jour-là, on invite des voisins de Paris à venir manger le melon. Les voisins déclarent que le melon est excellent, mais pas tout à fait assez mûr. Un enfant terrible (cet âge est sans pitié) demande si ce n'est pas du concombre. Son père lui donne le fouet, pour lui apprendre à distinguer un cantaloup d'un cornichon. Le bourgeois, lui, est modeste; il ne trouve son melon qu'à moitié réussi, sa terre n'est pas encore assez *fumée;* l'année prochaine, il aura du terreau.

Et il se remet au travail, et de nouveau il gratte la terre, et c'est là ce qu'il appelle l'*heure du repos*. Sur ces deux mots, travail et repos, il s'agit simplement de s'entendre. L'heure du travail est-elle donc tellement lourde à porter, qu'on se hâte d'en finir avec elle pour avoir le droit, dans un moment donné, de se croiser les bras et de s'écrier : Moi aussi, je suis oisif! Ce n'était certes pas l'avis d'une bande de jeunes écoliers qui, dans un petit village où j'avais établi mes premiers quartiers de printemps, avaient fait de l'heure du travail, de l'HEURE DE LA CLASSE, l'heure la plus fortunée du monde. L'humble magister qui présidait à leurs études, je devrais dire plutôt à leurs jeux, était doué d'une bonne et douce nature. Il avait compris que le meilleur moyen de tirer parti de toute cette fougue du jeune âge, c'était de faire la classe courte et la récréation longue. Aussi gouvernait-il cette petite république enfantine avec une mansuétude toute paternelle. Jamais de pensums, jamais de corrections manuelles, jamais de mauvais points; la seule punition était de ne pas être admis à la prière avant ou après la classe, ou l'exclusion des jeux. Et avec ce système, il obtenait les meilleurs résultats.

Un soir, je vins prendre place à côté de lui sur le banc qui était devant la porte de l'école. Il lisait attentivement un tout petit livre, sa figure s'éclairait d'un radieux sourire. Tenez, me dit-il, je suis heureux de voir que BERNARDIN DE SAINT-PIERRE, l'immortel auteur de *Paul et Virginie*, avait compris l'*heure de la classe* comme je la comprends moi-même, et il me lut à haute voix les pages suivantes :

« Ce que fut dans l'enfance JACQUES-HENRI-BERNARDIN DE SAINT-PIERRE, il le fut toute sa vie. Jamais les beautés de la nature ne le trouvèrent insensible; elles éveillèrent ses premières émotions; elles eurent ses dernières pensées. Sa mère lui avait dit un jour que, si chaque homme prenait sa gerbe de blé sur la terre, il n'y en aurait pas assez pour tout le monde, et tous deux en avaient conclu sagement que Dieu multipliait le blé dans les greniers. Plus tard, lorsqu'il eut étudié cette multitude de phénomènes que la science décrit sans les comprendre, la réflexion de sa mère l'étonnait moins que le pouvoir donné à un grain de blé de produire plusieurs épis, et de renfermer la vie qui doit animer pendant des siècles toutes les moissons à venir. Cette pensée était encore une suite des études de son enfance. Dès l'âge de huit ans, on lui faisait cultiver un petit jardin, où, chaque jour, il allait épier le développement de ses plantations, cherchant à deviner comment une grosse tige, des bouquets de fleurs, des grappes de fruits savoureux pouvaient sortir d'une graine frêle et aride. Mais les animaux surtout attiraient son affection, étonnaient son intelligence. Ayant accompagné son père dans un petit voyage à Rouen, celui-ci s'arrêta devant les flèches de la cathédrale, dont il ne pouvait se lasser d'admirer la hauteur et la légèreté. Le jeune Henri levait aussi les yeux vers la cime des tours, mais c'était pour admirer le vol des hirondelles, qui y faisaient leurs nids. Son père, qui le voyait dans une espèce d'extase, l'attribuant à la majesté du monument, lui dit : « Eh bien! Henri, que penses-tu de cela? » L'enfant, toujours préoccupé de la contemplation des hirondelles, s'écria : « Bon Dieu! qu'elles volent haut! » Tout le monde se mit à rire, son père le traita d'imbécile; mais toute sa vie il fut cet imbécile, car il admirait plus le vol d'un moucheron que la colonnade du Louvre.

« La confiance en Dieu, première impression de son enfance, consolation de toute sa vie, fut singulièrement exaltée par la lecture de quelques livres pieux et amusants, entre autres par la *Vie des Saints*. Il y avait dans le cabinet de son père un énorme in-folio, représentant toutes les visions des ermites du désert. Ravi des miracles qu'il y voyait, persuadé que la Providence vient au secours de tous ceux qui l'invoquent, il crut ne plus rien avoir à craindre de ses parents ni de ses maîtres, et résolut de s'abandonner à Dieu à la première occasion où il aurait à se plaindre des hommes. Cette occasion ne tarda pas à se présenter. Un jour, à cette époque il avait à peine neuf ans, un maître d'école, chez lequel on l'envoyait étudier les éléments de la langue latine, l'ayant menacé de le fouetter le lendemain s'il ne récitait pas couramment sa leçon, il prit à l'instant même le parti de dire adieu au monde et d'aller vivre en ermite au fond d'un bois. Le matin du jour fatal, il se leva tranquillement, mit en réserve une portion de son déjeuner, et, au lieu de se rendre à l'école, il se glissa par des rues détournées et sortit de la ville. Heureux de sa liberté, sans inquiétude de l'avenir, ses regards se promenaient avec délices sur une multitude d'objets nouveaux qui lui semblaient autant de prodiges. La campagne était fraîche et riante; les bois, les prairies, les collines se déroulaient devant lui, et il se voyait avec admiration seul et libre au milieu de ce brillant horizon.

« Il marcha environ un quart d'heure dans un joli sentier, jusqu'à l'entrée d'un bouquet de bois, d'où s'échappait un petit ruisseau. Ce lieu lui parut un désert, il le crut inaccessible aux hommes, et propre à remplir ses projets. Résolu de s'y faire ermite, il y passa toute la journée dans la plus douce oisiveté, s'amusant à ramasser des fleurs et à entendre chanter les oiseaux. Cependant l'appétit se fit sentir vers le milieu du jour. Son déjeuner étant achevé, il cueillit des mûres de haies, et arracha avec ses petites mains des racines, dont il fit un repas délicieux. Ensuite il se mit en prière; attendant quelque miracle de la Providence, et se rappelant tous les saints ermites qui, dans la même position, avaient reçu les secours du ciel, il lui semblait qu'un ange allait lui apparaître et le conduire dans une grotte sauvage ou dans un jardin de délices. Cette agréable attente l'occupa le reste du jour. Cependant le soleil était déjà sur son déclin, l'air se rafraîchissait insensiblement, et les oiseaux avaient cessé leur ramage. Le petit solitaire se préparait à passer la nuit sur l'herbe au pied d'un arbre, lorsqu'à l'entrée de la plaine il aperçut la servante de sa famille, qui l'appelait à grands cris. Son premier mouvement fut de fuir dans la forêt; mais la vue de cette bonne fille, qui tant de fois avait essuyé ses larmes, et qui en versait en le retrouvant, l'arrêta tout court; il s'élança vers elle et se mit aussi à pleurer.

« Ramené dans sa famille, son père et sa mère lui firent raconter comment il avait vécu, ensuite ils lui demandèrent ce qu'il aurait fait dans le cas où il n'eût plus rien trouvé dans les champs. Il ne manqua pas de leur répondre qu'il était sûr que Dieu l'y aurait nourri en lui envoyant un corbeau chargé de son dîner, comme cela était arrivé à saint Paul l'ermite.

« On rit beaucoup de la simplicité de cette réponse, disait un jour Bernardin de Saint-Pierre, et cependant la Providence a fait depuis de plus grands miracles en ma faveur, lorsqu'elle me protégea au milieu des nations étrangères où je m'étais jeté seul, sans argent et sans recommandation, et, ce qui est encore plus merveilleux, lorsqu'elle me protégea dans ma propre patrie contre l'intrigue et la calomnie. »

Cette petite aventure, qui décelait une âme passionnée, donna quelques inquiétudes à sa famille. On crut nécessaire de l'éloigner de la maison paternelle, et, peu de jours après, il fut conduit à Caen, chez un curé qui habitait un joli presbytère aux portes de la ville, et qui avait un grand nombre d'élèves. Les jeux de cet âge, l'exemple de ses camarades, donnèrent bientôt une autre direction à ses idées. N'ayant pu devenir le plus saint des ermites, il devint le plus espiègle des écoliers, et peu de jours s'écoulaient sans que ses ruses missent en défaut la surveillance de toute la maison. Parmi les tours dont il gardait le souvenir, il en est un qui avait si bien exercé la finesse de son esprit, qu'il prenait toujours un nouveau plaisir à le raconter. Il y avait dans les angles d'une cour interdite aux élèves, près de la porte de sortie, un superbe figuier, dont tous les matins le jeune observateur admirait de sa fenêtre les branches couvertes des fruits les plus appétissants. De l'admiration, il passa à la convoitise. Trois figues surtout, pendantes, violettes, entr'ouvertes, et qui laissaient couler le miel, le tentaient si vivement, qu'il ne songea plus qu'au moyen de se les approprier. La chose n'était pas facile. Deux chiens, et une grosse fille nommée Jeanneton, véritable servante maîtresse, vive, alerte, terrible, semblaient avoir été commis à la garde du fruit défendu. Cependant, à force d'y songer, il crut avoir trouvé le moyen d'échapper à leur vigilance; c'était un samedi soir, il fallait attendre le dimanche. L'inquiétude et l'espérance le tinrent éveillé toute la nuit. Vingt fois il fut sur le point de renoncer à une entreprise si périlleuse; mais, lorsque le matin il put entrevoir du coin de la fenêtre l'arbre couvert de ses fruits dorés des premiers rayons du jour, la crainte s'envola, la conquête fut résolue.

La matinée du dimanche n'offrit aucune occasion favorable. Après le dîner, on se rassembla pour aller à vêpres; le moment est attendu et prévu, les rangs se forment, on traverse la cour à la hâte pour gagner la porte de sortie; aussitôt le petit maraudeur s'esquive et disparaît derrière le figuier. Déjà la troupe se met en marche; il entend le bruit de la serrure et des verroux; le voilà pris comme le cerf de la fable. Comment fera-t-il rouvrir cette porte? c'est ce qui l'inquiète peu, sa prévoyance a pourvu à tout. Déjà l'arbre est escaladé, déjà il en courbe les branches, il en touche les fruits, lorsque les aboiements du chien attirent dans la cour la terrible Jeanneton. Son regard inquiet et vigilant se promène autour d'elle. Le coupable reste un moment glacé d'effroi; cependant il se remet, et, pour se débarrasser de cet argus, il tire un cordon qu'il avait eu soin d'attacher à la sonnette du réfectoire. Jeanneton rentre dans la maison, n'y voit personne, et croit s'être trompée. Un second cordon, également attaché à la sonnette de la rue, fait aussitôt son office; Jeanneton accourt tout effarée, ouvre la porte, et s'étonne de ne voir personne. De nouveau rappelée par la sonnette du réfectoire, elle perd la tête, va d'un côté, revient de l'autre, laisse tout ouvert, et, toujours frappée d'une nouvelle stupeur, elle s'imagine que le diable au moins s'est emparé du presbytère. Pendant qu'elle remplit la maison de ses cris, notre espiègle ne fait qu'un saut de l'arbre vers la rue, il emporte ses figues, et se glisse dans une allée, où il attend joyeusement le retour de ses camarades en savourant le prix de sa victoire.

Le souvenir de ce tour d'écolier égayait singulièrement Bernardin de Saint-Pierre. Il ne pouvait s'empêcher de rire en se rappelant la figure comique, l'air effaré, les signes de croix de cette grosse fille lorsqu'elle courait de la cour à la rue, de la rue au réfectoire, au bruit de toutes les cloches du presbytère. « Saint Augustin, disait-il agréablement, s'accusait du larcin de quelques poires; et moi, qui ai volé des figues, je n'ai jamais pu m'en repentir. »

A son retour dans la maison paternelle, Bernardin de Saint-Pierre reprit avec délices ses premières occupations. Il recueillait des insectes, élevait des oiseaux, cultivait son jardin et relisait sans cesse la *Vie des Saints*.

Un capucin vénérable, ami de la famille, sur le point de faire une tournée en Normandie, pria M. de Saint-Pierre de lui confier son fils, auquel il promettait instruction et plaisir. Sa proposition fut accueillie avec empressement, et voilà le petit solitaire, comme on l'appelait, devenu apprenti capucin, voyageant à pied, le bâton à la main, suivant ou précédant son guide, et se croyant déjà un grand personnage. Le soir, son compagnon le conduisait soit dans un couvent, soit dans un château, soit même chez quelque riche villageois, et partout il se voyait accueilli, fêté, caressé, soupant bien, dormant bien, et prenant goût au métier. Les dames, surtout, charmées de son air éveillé, ne manquaient jamais de remplir ses poches de toutes sortes de friandises pour lui faire oublier les fatigues du voyage. Malgré cette précaution, il demandait souvent à se reposer. Son guide se gardait bien alors de le contredire; mais, ayant recours à la ruse, il lui montrait dans le lointain une belle forêt ou une prairie émaillée, lui promettait de s'y arrêter, puis commençait une historiette, dont l'intérêt ne manquait pas de redoubler à l'approche du but qui, bientôt dépassé, reparaissait toujours à l'horizon sous les plus riants aspects. Ainsi, de plaisir en plaisir, d'histoire en histoire, on arrivait au gîte sans s'être aperçu de la longueur du chemin. La tournée dura quinze jours, et le petit voyageur fut si satisfait de cette vie indépendante, qu'à son retour il annonça sérieusement le dessein de se faire capucin. Et comme il racontait ses aventures à sa famille réunie pour l'entendre, il se prit à dire que vraiment les capucins étaient fort heureux, qu'ils faisaient bonne chère, et que, dans un couvent où il s'était arrêté, il avait vu qu'on leur servait à chacun une tête de veau. Son père rit beaucoup de cette exagération, et lui demanda où il prétendait qu'on eût pris toutes ces têtes. Cette objection lui troubla l'esprit, et lui donna à penser qu'il n'avait peut-être pas bien observé la vie des capucins.

C'est à peu près à cette époque que sa marraine, belle et noble dame. Bernardine de Bayard, qui comptait parmi ses aïeux le héros dont elle portait le nom, lui fit présent de quelques livres, parmi lesquels se trouvait *Robinson*. Frappé d'une situation si neuve et si touchante, Bernardin de Saint-Pierre ne put jamais s'en détacher. L'île déserte, les lamas, le perroquet, Vendredi, devinrent l'unique objet de ses pensées. L'impression causée par cette lecture fut si vive, qu'elle influa sur le reste de sa vie, et qu'on en retrouve des traces dans tous ses projets et dans tous ses ouvrages. Si l'heure de l'étude fut par lui un peu négligée, l'heure de la rêverie alimenta ses douces méditations qu'il reproduisit plus tard avec tant de charme dans ses divers ouvrages, et principalement dans *Paul et Virginie*.

Pendant que le magister lisait, quelques enfants s'étaient approchés à pas discrets de lui, et écoutaient, silencieux et attentifs. C'était l'heure de la prière du soir. Peu à peu, toute la couvée fut réunie. Deux enfants se tenaient à l'écart et pleuraient. Ils devaient s'abstenir d'assister à la prière commune, pour faute commise par eux pendant la classe. Je demandai, au nom de Bernardin de Saint-Pierre, que la punition fût levée, et le bon magister s'empressa d'accéder à ma prière.

Heures légères à porter que celles de l'enfance, que ce soient heures de classe ou heures de récréation!

J. M. W. TURNER, R. A. PINXT

E. BRANDARD SCULPT

L'HIVER AUX CHAMPS

H. MANDEVILLE, PARIS.

L'HIVER AUX CHAMPS

'HIVER aux champs n'a pas la physionomie triste et maussade de l'hiver à la ville. Si les bois sont dépouillés, si la prairie n'est plus verte, si les oiseaux se taisent, la voix de la nature parle encore aux yeux et à l'imagination. Je comprends que les grandes douleurs trouvent une consolation plus réelle dans cet isolement de la campagne, dans ce vaste entourage où tout est devenu silence, que dans le tumulte et le bruit confus de nos salons, de nos rues, de nos théâtres. Je comprends aussi que tous les esprits, fatigués par cette dépense de banalités que l'on émet chaque jour dans le monde, aillent se retremper en présence de ces immenses horizons, où le souffle de Dieu vous redonne une nouvelle force qui alimente votre esprit et rafraîchit votre âme.

Aussi, je l'avouerai, malgré l'hiver de 1859, qui était très-rude, malgré le froid, malgré la pluie, malgré la neige, m'étais-je résolûment jeté dans un waggon pour me transporter loin de Paris, au sein d'une campagne que j'affectionne, parce que là réside un ami qui a fait un pacte avec l'hiver aux champs, et s'est promis de ne jamais venir à Paris, bien qu'il possède une fortune indépendante.

La dernière fois que j'allai lui serrer la main, il accomplissait sa course habituelle à travers ses propriétés. Vêtu d'une grosse redingote de tartan écossais, un fusil de chasse sous le bras, il marchait, le front baissé vers la terre. Dès qu'il m'aperçut, il vint à moi et rentra dans son château, vaste demeure située au milieu d'une forêt de sapins.

Quand nous fûmes assis dans un petit salon écarté : « Ami, me dit-il, tu es le seul qui m'aies gardé la bonne affection échangée entre nous dans les premières années de la jeunesse. Tu as respecté mes allures de loup-garou, tu ne m'as jamais adressé une seule question sur cet isolement auquel je me suis voué volontairement ; mais aujourd'hui mon cœur déborde, il faut que nous soyons deux à pleurer, pardonne-moi cet égoïsme du malheur, qui ne sait pas souffrir seul.

« Il y a trois ans, dans ce même château, j'étais venu rendre mes devoirs à un vieil ami de mon père, lord ***. Il ne me connaissait pas, et, dès que je lui fus présenté, il parut frappé, à ma vue, d'une stupeur indéfinissable. Reculant d'un pas en arrière, ses paroles heurtées, confuses, étaient presque inintelligibles. Je distinguai seulement ces mots : Est-ce un rêve?

Milord, me dit tout bas le valet de chambre, est encore tombé dans un de ses accès.

Ces paroles le tirèrent de sa méditation. Il vint à moi, et me prit les mains en me disant : « Voulez-vous me suivre? »

— Où vous voudrez, milord.

Il ne répondit rien, mais il ouvrit brusquement la porte de son salon, et m'introduisit dans un petit boudoir meublé avec ce confortable dont les Anglais s'entourent en tout temps, en tout lieu. Je remarquai, au milieu de tableaux de maîtres des écoles italiennes, une étude d'après Raphaël, dessinée par une main habile.

« C'est elle qui a fait cela, me dit-il. — Elle? répétai-je d'un ton interrogatif. — Oui, ma fille Lucy. Voilà son portrait. N'est-ce pas, qu'elle est belle? » Et, tirant un grand rideau vert, il découvrit un admirable portrait.

« Oui, belle, belle comme un ange, m'écriai-je, saisi d'un enthousiasme aussi vrai que soudain.

— Eh bien! cet ange se meurt de la plus triste mort, de la mort de la raison, elle est folle; la perte d'un de mes neveux, qui devait être son époux, et qu'elle chérissait, a jeté le trouble le plus profond dans son esprit. Et quand je vous ai vu pour la première fois, tout à l'heure, je n'ai pu m'empêcher de frémir, car vous êtes la vivante image de ce pauvre Albert, tué à Balaclava dans la charge intrépide que firent nos hussards anglais à travers les lignes de la cavalerie russe. J'ai eu recours aux médecins spéciaux les plus savants de l'Europe; aucuns traitements, aucuns soins n'ont pu venir à bout de ce mal terrible ; tous les jours Lucy se rend sur la terrasse du château, tous les jours elle reste là assise, muette, presque inanimée, attendant son fiancé.... Et cette agonie mentale n'a pas changé de caractère un seul jour. C'est surtout quand se montre l'hiver, et que notre parc devient un désert, que la folie de Lucy augmente. Alors des crises nerveuses s'emparent d'elle ; on l'entend appeler à grands cris Albert, et Albert, mort, reste dans sa tombe.

— Milord, lui dis-je, après une réflexion prompte comme le sentiment qui l'avait amenée, tout n'est peut-être pas perdu, et puisque le hasard veut qu'il y ait une ressemblance si frappante entre le cousin de miss Lucy et le fils de votre meilleur ami, laissez-moi voir votre fille infortunée.

— Ah! me répondit-il, je vous comprends; mais l'illusion que vous allez causer ne peut-elle amener une catastrophe irréparable?

— Avant de rien tenter, m'écriai-je, écrivez au docteur *** à Paris, qui s'empressera d'accourir, et nous ne ferons rien que guidés par ses sages avis.

Quelques jours après, le célèbre médecin était installé au château, et, après avoir vu sa malade, il prescrivit de la conduire immédiatement dans le port de mer le plus voisin.

En même temps, le docteur *** et moi, nous nous dirigeâmes sur le même point.

Le lendemain de notre arrivée à B..., le docteur me mena sur la jetée. Là, se tenaient deux jeunes filles. Miss Lucy, que je reconnus tout de suite, était la plus grande et la plus svelte; l'autre, les yeux ardemment fixés sur la fille de milord ***, semblait interroger tous ses mouvements. Miss Lucy, pâle et blonde, avait de ces grands yeux bleus limpides, qui reflètent le ciel entier. Sa jeune compagne formait avec elle un parfait contraste; ses yeux et ses cheveux étaient d'un noir d'ébène. Toutes deux regardaient un paquebot qui s'avançait à toute vapeur.

A ce moment, milord ***, qui se tenait aux côtés de sa fille, appela son attention sur nous. On voyait que le pauvre père était en proie à l'agitation la plus vive, la plus écrasante.

A peine miss Lucy m'eut-elle aperçu, qu'elle se précipita éperdue dans mes bras. Son visage rayonnait d'une joie céleste. Toi! toi! tels furent les seuls mots qu'elle put prononcer, et elle s'évanouit.

Transportée à la hâte dans un appartement de l'hôtel des Bains, ce ne fut qu'après avoir employé toutes les ressources de la science que le docteur put la rendre à la vie. Que te dirai-je! les yeux de Lucy se rouvrirent à la lumière, et avec elle l'illusion reparut, non pour réveiller sa raison endormie, mais pour consoler sa folie. Elle voyait en moi Albert. La fuir, c'eût été la tuer, et je l'aimais déjà de toutes les forces de mon âme.

Deux mois après j'étais son époux, et la jeune fille qui la servait, celle que j'avais remarquée sur la jetée, tombait à mes genoux en me disant : « Laissez-moi vous remercier de ce que vous faites pour ma chère maîtresse, laissez-moi ne pas la quitter. » Je n'ai pas besoin de te dire que ce vœu fut sur-le-champ agréé.

Depuis lors, notre vie s'écoule lente et solitaire. Milord *** ne m'appelle pas son gendre, mais son fils. Quant à Lucy, je ne suis pour elle qu'Albert, toujours Albert, et ce supplice de tromper ce pauvre esprit égaré, ce pauvre cœur mortellement frappé, me pousse moi-même à la folie. Oh oui! j'aime l'hiver aux champs, comme le disent mes anciens amis de salon, je suis un avare, un harpagon, un Grandet, qui veut entasser terres sur terres, écus sur écus. Hélas! je donnerais tous ces champs, tous ces prés pour une heure de raison que Dieu accorderait à ma femme.

A l'instant où mon ami achevait cette triste confidence, un cri lamentable se fit entendre derrière la porte de l'appartement où nous nous trouvions. « Monsieur, monsieur, cria une voix éperdue, celle de la femme de chambre, Madame se meurt! »

Un mois après cet événement, l'hiver était plus sombre que jamais au château et dans ses dépendances; mais la joie, ce printemps fleuri du cœur, avait envahi tous les points, tous les sites de ce vaste domaine. Lucy n'était plus folle, le coup qu'elle avait reçu en entendant les révélations que m'avait faites son mari, loin d'être mortel, lui avait sauvé plus que la vie en lui rendant la raison. Je n'ai pas besoin de dire que moi, le témoin intime de ce bonheur inespéré, je ne pouvais plus m'en aller. Milord *** m'avait fait promettre de ne partir que lorsqu'il serait revenu de Dublin où il avait dû se rendre pour de graves affaires d'intérêt.

J'attendis le retour de milord ***, qui se contenta de me dire, en m'étreignant les deux mains : « Je suis bien heureux de vous retrouver, j'espère que vous nous aiderez à finir l'hiver en famille. N'êtes-vous pas maintenant l'un des nôtres, car à votre présence dans cette demeure se rattache un de ces événements qui révèle l'intervention de la Providence.

« Ma Lucy adorée, touchée du dévouement de celui que je nomme avec raison mon fils, aime en lui, aujourd'hui, non plus la vivante ressemblance de ce pauvre Albert ; mais l'homme généreux et dévoué qui n'a pas craint de donner son nom à une folle.

« Aussi, je doute que dans ces enivrements de tendresse mutuelle mes enfants songent à quitter de longtemps encore ce lieu témoin de tant de douleurs et de tant de joies. »

Le mois de mars s'approchait ; je fis mine résolûment de rentrer à Paris. Alors la charmante maîtresse du château, belle et rose à faire pâlir les plus charmantes peintures de Winterhalter, vint à moi, et me dit avec un céleste sourire tout plein d'une chaste confusion :

« Vous ne voulez donc pas être le parrain de mon premier enfant ! »

J'attendis le premier enfant ; c'était mon devoir, et je crois même que si un deuil de famille ne m'eût rappelé à Paris, j'eusse attendu encore une seconde, une troisième tête de chérubin, qui ne peuvent manquer de faire suite à celle du petit garçon que j'ai baisée avec tendresse sur les fonts baptismaux.

S. SMITH, SCULPT

LA CHAUMIÈRE

LA CHAUMIÈRE

On veut des romans, dit M. Guizot dans les premières lignes qui précèdent son étude historique sur l'*Amour dans le mariage*. « Que ne regarde-t-on de près à l'histoire? Là aussi on trouverait la vie humaine, la vie intime avec ses scènes les plus variées et les plus dramatiques, le cœur humain avec ses passions les plus vives comme les plus douces, et de plus un charme souverain, le charme de la réalité. J'admire et je goûte autant que personne l'imagination, ce pouvoir créateur qui du néant tire des êtres, les anime, les colore et les fait vivre devant nous, déployant toutes les richesses de l'âme à travers toutes les vicissitudes de la destinée; mais les êtres qui ont réellement vécu, qui ont effectivement ressenti ces coups du sort, ces passions, ces joies et ces douleurs dont le spectacle a sur nous tant d'empire, ceux-là, quand je les vois de près et dans l'intimité, m'attirent et me retiennent encore plus puissamment que les plus parfaites œuvres poétiques ou romanesques. La créature vivante, cette œuvre de Dieu, quand elle se montre sous ses traits divins, est plus belle que toutes les créatures humaines, et, de tous les poëtes, Dieu est le plus grand. »

Ce n'est pas du ménage d'un grand seigneur que nous vous parlerons à l'exemple de M. Guizot; notre ménage modèle, dont nous allons dire quelques mots, est celui d'un sculpteur dont la signature a déjà acquis un réel crédit sur la place artistique; mais comme sa modestie est égale à son talent, nous devons nous taire sur les nom, prénoms, signalements et lieux de domicile de notre ami; nous connaissons plus d'un gendarme littéraire qui expose brutalement aux yeux de son entourage les passe-ports qu'il a entre les mains; nous ne faisons pas partie de cette milice; notre parole, bien qu'elle coure à travers champs, doit être discrète et réservée pour être accueillie dans les salons.

Nous appellerons donc notre ami Christian, pour éviter les étoiles, dont la reproduction ne laisse pas que d'être monotone.

Dès sa plus tendre enfance, Christian manifesta un goût très-prononcé pour les arts du dessin, et surtout pour la sculpture. Tout ce qu'il trouvait sous sa main lui servait à contenter sa passion. N'ayant pas de terre à modeler, il épiait l'heure où sa mère revenait du marché, et, dès qu'elle avait tourné le dos, il s'emparait des navets qu'elle avait rapportés, pour les tailler avec son couteau et les transformer en figures, au grand scandale de la ménagère. Le père, plus indulgent et plus éclairé, comprit de bonne heure sa vocation, et fit tout ce qui dépendait de lui pour la seconder. A quatorze ans, Christian quittait les bancs de l'école élémentaire où il avait puisé les premiers principes de dessin, et était placé sous la main d'un sculpteur éminent. Le vieux maître parlait avec enthousiasme à l'enfant de l'antiquité, des débris de l'art grec réunis en Italie. Ces entretiens, souvent renouvelés, firent une impression profonde sur l'esprit de Christian. Dès lors, l'Italie devint son rêve, le terme idéal de tous ses vœux. Sur son lit de mort, son maître lui répétait : « Si tu veux connaître la vraie beauté, si tu veux la contempler dans toute sa splendeur, il faut voir, il faut étudier l'Italie. Là, tu trouveras réunis les plus beaux débris de l'art grec, et, quand tu en auras pénétré le sens divin, pour compléter ton éducation tu pourras t'enivrer à loisir de la beauté vivante. Les types merveilleux qui marcheront devant toi t'expliqueront, dans une langue nouvelle, les œuvres du ciseau grec. »

Ces paroles, recueillies avidement de la bouche mourante du maître, contiennent le programme de Christian. Tout ce qu'il fit, tout ce qu'il voulut, tout ce qu'il tenta depuis lors, ce fut d'arriver, par l'Académie des beaux-arts, au grand prix de Rome. Ce grand prix, si impatiemment désiré, il l'obtint, mais il ne partit pas pour l'Italie, et perdit ainsi le bénéfice de son triomphe.

D'où ce revirement complet dans ses idées ? Nul ne put le savoir, nul ne put l'expliquer, car il ne cessa d'exposer aux divers salons qui se succédèrent, des œuvres conçues sur l'interprétation de l'art antique par la nature.

Quel est donc ce mystère! clamaient sur les tons les plus criards tous les praticiens enrôlés au service de ses confrères. Ce mystère resta impénétrable jusqu'au jour où l'un des intimes de Christian découvrit que le modèle le plus pur de l'art grec se trouvait non pas à Rome, mais dans une petite rue ignorée d'un village situé à quelques kilomètres de Paris.

Là, dans une niche tout envahie par les roses et les chèvrefeuilles, posait la diva, la statue antique, belle comme la Vénus de Milo, et descendant de son piédestal, animée, frémissante de bonheur et de tendresse, à ce point que le Pygmalion le plus endurci fût tombé à genoux devant elle.

Je fis comme Pygmalion, sans espoir d'aucun bénéfice, car cette ravissante créature était la femme de mon ami.

Maintenant, vais-je procéder à la façon d'un juge d'instruction, et révéler les secrets d'ineffable bonheur qu'abrite cette chaumière ? Vais-je, au contraire, m'élevant aux plus hautes considérations de la psychologie, mettre en présence les joies positives de l'amour dans le mariage, et les joies impalpables de l'amour dans l'art!

Non, je me bornerai seulement à transcrire ici les clauses et conditions du contrat de mariage, qui a lié ces deux existences l'une à l'autre. Je vais accomplir cette transcription pendant que madame ratisse ses légumes et que monsieur sculpte un navet, comme il le faisait jadis sous le toit de sa mère.

ARTICLE 1er.

« Nous aimant bien et depuis longtemps, nous connaissant assez pour être certains que l'un de nous deux ne peut être heureux que par l'autre, nous nous unissons pour vivre toujours ensemble en bons époux et en bons amis. Elle sera moi, et je serai elle; il sera moi, et je serai lui.

ARTICLE 2.

« Je promets à Suzanne (*Suzanne tient lieu ici des étoiles*) de consacrer toutes mes pensées, tous mes travaux, tout mon être à la faire subsister avec probité et décence, elle et les enfants qu'elle me donnera. Je m'interdis tout voyage à l'étranger tant que mes enfants auront besoin de ma présence pour leur éducation.

ARTICLE 3.

« Je promets à Christian de contribuer avec lui à préserver notre ménage de la gêne et du besoin ; pour cela je me ferai de l'ordre une habitude, et de l'économie un devoir.

ARTICLE 4.

« Je me dépêche d'avouer que je suis quelquefois emporté et violent; dans mes mouvements de colère, je demande grâce pour le premier moment.

(De la main de la jeune personne.) *Il sera peut-être quelquefois dur à passer ce premier moment; mais.... accordé.*

ARTICLE 5.

« Il faudra bien aussi qu'on me pardonne quelque chose. Je puis avoir des inégalités dans l'humeur, et je me sens très-disposée à être jalouse.

(De l'écriture du jeune homme.) *Passe pour des caprices, à condition qu'ils ne seront pas trop fréquents. A l'égard de l'autre défaut, je serai tenté de me réjouir; celle qui sera un peu jalouse ne donnera sans doute jamais matière à jalousie.*

ARTICLE 6.

« Les mots *je veux*, *j'exige*, *j'entends*, et autres semblables, sont absolument rayés de notre dictionnaire.

ARTICLE 7.

« Christian honorera sa femme, et Suzanne honorera son mari, afin qu'ils soient honorés d'autrui.

ARTICLE 8.

« Nous nous souviendrons sans cesse que le défaut de soin de sa personne peut amener la répugnance et le dégoût. La propreté est au corps ce que l'amabilité est à l'âme.

ARTICLE 9.

« L'un n'aura rien qui n'appartienne à l'autre. Ce n'est pas la peine de compter ce que chacun apporte lorsqu'on met tout en commun.

ARTICLE 10 ET DERNIER.

« Bien que notre tendresse réciproque nous assure que nous ne manquerons jamais à tout ce que nous venons de nous prescrire, cependant, nous convenons de garder chacun par devers nous les présents articles signés de tous deux ; si l'un de nous paraissait en oublier un seul point, il sera permis à l'autre de les lui remettre sous les yeux. »

— J'avoue qu'après avoir lu ce contrat de mariage, signé et paraphé dûment par les deux conjoints, je trouvai que la chaumière valait bien toutes les villas Médicis, et que l'on pouvait faire de l'art grec loin de Rome et d'Athènes, tout en restant bon époux, bon père et bon citoyen à Paris.

MARIE WEIGMANN, PINX[t] — C. H. JEENS, SCULP[t]

LES DEUX GRAND-MÈRES.

LES DEUX GRAND'MÈRES

A capitale du Connaught, GALWAY, la plus petite des quatre provinces irlandaises, semble une relique détachée de la vieille Espagne. La ville est pleine de religieuses et de moines.

La population de Galway a conservé dans toute sa pureté le type de la beauté irlandaise. Au milieu de ce paysage grandiose, entouré de lacs et de montagnes, on admire ces jeunes filles aux tresses brunes, aux yeux bleus, ces perles de la verte Érin, et l'on est étonné de retrouver parmi les hommes le regard flamboyant, le nez aquilin, les cheveux bouclées, qui forment l'un des principaux caractères de la beauté méridionale.

« Quand je pénétrai dans Galway, qui s'intitule la capitale de l'Ouest sauvage (*capital of the wild West*), dit M. LOUIS ÉNAULT, auteur de tant de livres charmants de voyage, je crus que mon pilote avait perdu la boussole, que j'avais dormi quarante jours et quarante nuits, et que je me réveillais à Cadix ou à Malaga.

« Le vaste portail des maisons laisse voir de hautes volées de marches dans des escaliers de pierre de taille, les cours sont pavées de marbre comme les *patios* des grandes posadas de l'Andalousie. Pour que l'illusion soit complète, il ne manque plus que la gerbe d'eau retombant en diamants liquides dans la vasque des fontaines jaseuses, un oranger embaumant l'air de son parfum virginal, et les étoiles d'argent de quelque beau jasmin riant dans le feuillage vert.

« Attachée à l'Espagne par des liens de commerce que les siècles ont relâchés mais n'ont pas rompus, la vieille capitale du Connaught est restée jusqu'à nos jours plus espagnole qu'anglaise.

« A chaque pas vous rencontrez quelque antique maison, un peu vermoulue peut-être, mais d'un aspect superbe et d'une tournure fière. Souvent elle est carrée : un bataillon de gargouilles hérisse son toit plat, des armoiries encadrées dans de fins médaillons décorent sa façade; des rameaux capricieux servent de bordures aux vastes portes, et autour des fenêtres, longues ogives élancées ou accolades jumelles, toute une végétation de pierres s'enroule et s'enlace en frissonnant. Parfois la fenêtre s'entr'ouvre, une main blanche s'appuie au balcon sculpté dans le marbre, et une jeune tête apparaît, bouche de grenade en fleur, œil souriant, plein de soleil, épaules à demi-nues, inondées de cheveux noirs dénoués.

« Je m'arrête un moment devant ces visions charmantes, puis je m'avance par la ville à travers un labyrinthe de rues étroites et pittoresques; partout je retrouve la voûte en ogive, l'arcade mauresque, et au-dessus de la porte, dans sa niche en plein vent, la madone dont le sourire bénit. »

Voilà ce que je lisais dans le *Voyage pittoresque en Irlande,* lorsque, fermant ce livre, je pus, sur les lieux mêmes, constater la description exacte faite par M. Louis Énault. Je me trouvais avoir atteint l'extrémité de la ville, et l'une des dernières maisons, qui avait un pied dans la rue, un pied dans la campagne, appela toute mon attention. Sur le perron de cette demeure à la physionomie vénérable et antique se tenait assise une dame d'un âge assez avancé, dont les traits respectables étaient abrités par un large chapeau. Entourée de cinq jeunes enfants, elle cherchait à maintenir parmi eux l'ordre et la discipline brusquement interrompus par la présence de visiteurs inattendus.

Ces visiteurs étaient une vieille bohémienne qui venait de s'asseoir en face de la maison, et faisait exécuter à deux enfants les danses traditionnelles de sa nation, avec accompagnement de tambour de basque.

La grand'mère irlandaise soutint d'abord bravement le choc.

« Mary, dit-elle à une jeune fille qui était à ses côtés, allez chercher des provisions pour tout ce monde, et assistons à ce spectacle de pauvres enfants abandonnés de Dieu !....

« — Abandonnés de Dieu ! interrompit violemment la vieille bohémienne; apprenez, grand'-mère, que ces petits-là valent les vôtres, et que s'ils n'ont pas, comme eux, bon feu, bon lieu, bonne table, ils s'en moquent, et ne se soucient que d'une chose : gagner leur vie par leur travail.

« — Vous appelez cela travailler, dit avec dédain la bonne dame; j'appelle cela offenser Dieu. Pendant que ces pauvres enfants livrent leurs bras, leurs jambes, leurs têtes à des contorsions extravagantes, que fait leur âme, où va-t-elle, vers le ciel ou vers l'enfer ?

« — Vers l'enfer ! s'écria la bohémienne avec furie, vers l'enfer ! oser me demander cela à moi, leur aïeule ?... Eh bien ! vieille créature de l'autre monde, sache bien que je ne veux rien de toi. Malédiction sur toi, sur tes petits-enfants, sur ton pain, sur tes serviteurs, sur ta maison !... »

A ce moment, je crus devoir intervenir pour mettre un terme à ce torrent d'injures. Je distribuai quelques écus à l'effigie de la reine Victoria à toute cette bohème, qui s'esquiva; l'orage était passé !

« Merci, monsieur, me dit la maîtresse de la maison, merci pour nous tous; votre venue nous aura débarrassées de cette vilaine femme dont la vue me fait horreur. Depuis quelque temps elle rôde dans la contrée. Le plus souvent ivre et folle, sous les ardeurs de la flamme du gin, elle se répand en menaces contre tous ceux qui ne lui font pas accueil. Je plains le sort de ces malheureux enfants qu'elle conduit à l'abrutissement par le chemin du vice. Repoussée de tous les honnêtes gens, elle habite une masure déserte sur la baie de Galway, à Claddagh. »

Le jour baissait; je pris congé de la bonne dame, et je m'acheminai involontairement vers la baie. La beauté vraiment merveilleuse d'une des jeunes filles qui venait de danser devant moi, le regard cruel, féroce même, que la bohémienne avait jeté sur elle pendant qu'elle se livrait à ses exercices, m'avaient vivement impressionné.

Claddagh est à Galway ce que Chioggia est à Venise. Comme les Chioggiotes, tous les habitants du Claddagh sont pêcheurs ou matelots. Chaque année, la corporation élit son chef, à qui elle donne le nom de roi. Les femmes du Claddagh parlent avec une animation sans égale un idiome sonore, plein de rhythme et d'accent; mais je ne pus jamais, avec mon mauvais anglais, me faire comprendre d'elles. Lorsque je leur demandai de m'indiquer la masure de la bohémienne, force me fut alors de recourir à une pantomime des plus démonstratives. Me courbant à demi et faisant une laide grimace, rapprochant ma bouche de mon nez pour imiter le profil de la vieille aventurière, je me relevai tout à coup et me mis à bondir en sautant à droite et à gauche, reproduisant ainsi à ma manière la danse dont je venais d'être le témoin.

Un rire fou, un rire immense accueillit cette tentative. Toutes ces femmes m'entourèrent et se mirent à crier à pleine voix de façon à me faire sauter la cervelle. A la fin, quand je pus obtenir un peu de silence, j'indiquai du doigt l'extrémité de la baie. « La Maüd! » telle fut la réponse unanime. Enfin, j'étais compris.

Mais ce nom de Maüd avait été prononcé avec un accent mêlé de crainte. Une jeune fille, qui parlait assez couramment l'anglais, me dit à voix basse : « Il va faire nuit; croyez-moi, n'allez pas chez Maüd. On dit qu'elle a commerce avec l'esprit des ténèbres; il pourrait vous arriver malheur. »

Malgré cet avertissement qui m'était donné en toute conviction, je tentai l'aventure, et, après une assez longue marche, j'arrivai devant la ruine qui m'avait été indiquée par la bande féminine.

A ce moment, l'obscurité était telle que ce fut à peine si je pus reconnaître ces débris que je touchais presque de la main. Comme je cherchais à m'introduire dans la ruine, une voix menaçante se fit entendre :

« Tu ne réclameras plus rien maintenant, méchante Hélène, hurlait la voix. Ah! pour quelques jours, te voilà couchée par terre, la main de Maüd t'a touchée, et cette main-là, quand elle frappe, elle tue! Si tu étais comme ta sœur, cela ne serait pas arrivé; mais, enfant dénaturé, tu renies ta grand'mère; va chez l'autre grand'mère dont tu me parlais tout à l'heure, madame Morton, celle que j'ai maudite aujourd'hui et que je saurai retrouver demain; va lui dire de te prendre à son service, parce que je suis ivre, parce que je suis folle, parce que je suis une sorcière! »

Un faible gémissement répondit à ces paroles. La pitié me saisit, je m'élançai au milieu des décombres, guidé par une lueur qui brillait derrière un amas de grosses pierres.

Je montai sur ces pierres et je vis la sorcière; c'était bien là son nom, qui, à genoux devant le corps baigné de sang d'une jeune fille, semblait épier avec un avide plaisir les souffrances de sa victime. Une autre enfant, à la mine dure et cruelle, contemplait ce spectacle d'un œil indifférent.

« Malheureuse femme! m'écriai-je, si vous avez commis un crime, je vous jure que vous n'échapperez pas à la justice. »

A ma voix, la bohémienne se releva toute droite :

« C'est la seconde fois que je te rencontre sur ma route, étranger, me dit-elle; si tu m'en crois, rebrousse chemin, rentre au plus vite dans ce nid de vipères qu'on appelle Galway. »

Pour toute réponse, je franchis le tas de pierres et je m'élançai sur la vieille Maüd. Mais elle avait été plus prompte que moi. Agile comme le serpent, elle s'était glissée avec l'autre enfant à travers les ruines et avait disparu.

Mon premier mouvement fut d'aller à la jeune fille. Hélène, c'était ainsi que l'avait nommée sa grand'mère, respirait encore; mais sa poitrine oppressée ne laissait passer qu'un râle effrayant. Dans un aussi misérable lieu, je ne pouvais lui porter secours. Courir à la ville, ramener du monde, c'était s'exposer à la laisser enlever. D'un autre côté, poursuivre la sorcière au milieu de cette nuit profonde, c'était perdre un temps précieux. Je pris donc Hélène dans mes bras; cette jeune fille avait à peine dix à douze ans, et le fardeau n'était pas tellement lourd que je ne pusse essayer d'atteindre, en me hâtant, les premières cabanes des pêcheurs de Claddagh. Je franchis de nouveau le tas de pierres, et j'allais sortir, lorsque je sentis une main qui cherchait par derrière à me saisir le cou, et une autre main qui cherchait à me lier les jambes. Je me retournai brusquement; je vis la Maüd tout près de moi, et à côté d'elle l'enfant qui la suivait, avec un grosse corde déroulée. Il était évident qu'une minute plus tard, j'aurais été garrotté, peut-être même étranglé.

En face de cette horrible femme, je n'hésitai pas à armer un pistolet que j'avais sur moi, et le dirigeant sur elle : « Tu es morte, misérable, lui criai-je, si tu fais un pas de plus. » La menace produisit son effet. De nouveau la bohémienne et l'enfant disparurent. Je pus me retirer; une heure après, brisé de fatigue, je déposais Hélène dans la cabane d'un pêcheur.

Tout de suite je fis appeler un médecin. Les soins les plus empressés furent donnés à cette pauvre fille, et lorsqu'elle revint à la vie, le docteur me répondit de sa prompte et entière guérison.

En effet, quelques jours après, Hélène me tendait sa petite main et me remerciait dans un dialecte harmonieux dont je ne comprenais pas les paroles, mais dont le sens touchait mon cœur. Elle demandait, elle suppliait avec instance qu'on ne la rendît pas à son horrible grand'mère. Pauvre enfant, sa prière était bien superflue, car en la voyant toute couverte de plaies provenant des coups qu'elle avait reçus de Maüd, personne au monde n'eût songé à la replacer sous la tutelle de cette mégère.

Après avoir pris l'avis du médecin, je me disposais à aller trouver l'alderman et à lui demander son assistance en faveur d'Hélène, lorsque je reçus à l'auberge de Galway, où j'étais descendu, une lettre que m'adressait madame Morton. Je transcris cette lettre dans sa touchante simplicité.

« Monsieur, m'écrivait cette bonne et respectable femme, vous avez vu les deux grand'mères, vous jugerez quelle est celle des deux qui peut le mieux prendre soin de votre protégée. J'ai appris, avec tous les habitants de la ville, l'excursion que vous avez faite à la ruine de Claddagh, et j'ai béni Dieu pour le secours qu'il vous a accordé en cette circonstance.

« Votre séjour dans notre ville doit être court; mais si, dans quelques années, vous visitez de nouveau notre pays, j'espère pouvoir vous représenter en toute confiance miss Hélène et non Hélène la bohémienne. Je ne redoute en rien la vengeance de Maüd, qui sera arrêtée si elle ose reparaître. Dieu sera plus fort que le malin esprit. J'ai informé, du reste, M. l'alderman de mon intention d'adopter cette jeune fille. J'ai perdu mon fils unique; sa femme, la mère de mes chers anges, repose depuis deux ans dans le cimetière de Galway. Vous voyez bien, monsieur, que je n'ai plus qu'une seule et puissante affection, celle de grand'mère, et je vous promets qu'Hélène ne sera pour moi qu'une petite-fille de plus. »

Quelques jours après avoir reçu cette lettre, au moment de mon départ pour Dublin, je conduisis Hélène chez madame Morton.

Au moment où je descendais le perron de cette maison que je ne devais plus revoir, j'aperçus sur le seuil le visage d'Hélène, baigné de larmes; mais ces larmes étaient celles du bonheur, de la reconnaissance. Ses mains étaient jointes; son regard me suivait avec une expression d'indéfinissable tendresse. Vingt fois, avant de gagner l'extrémité de la rue, je retournai la tête. Hélène était toujours là, dans la même attitude. Et lorsque je ne la vis plus, lorsque je montai en voiture, son image resta constamment devant mes yeux comme un souvenir ineffaçable de ma visite à Galway.

BRIGHTON

J'avais pris place sur un paquebot à vapeur partant de Dieppe pour Brighton. Une nombreuse société d'Anglais et de Français se tenait sur le pont du navire, attendant l'heure du départ avec ce bruit confus des mille voix impatientes qui s'interpellent de tous les côtés. Seul à l'écart restait assis un jeune homme dont le front courbé vers l'entrée des cabines ne me laissait pas apercevoir les traits. Le collet de sa redingote portait les palmes bleues croisées de notre École normale supérieure; donc c'était un compatriote, un Français, et un Français triste, sujet fort rare à rencontrer en voyage; car si nous sommes maussades à la maison, nous faisons une dépense énorme d'amabilité à l'étranger pour soutenir dignement cette réputation qu'on nous a faite d'être le peuple le meilleur enfant, le plus spirituel du globe habité.

Je passai et repassai sept à huit fois devant la redingote à palmes; elle ne bougea pas! Cette redingote-là avait-elle gagné le spleen avant d'avoir touché le sol classique de ce genre d'affection? C'est ce que je me proposai de savoir incontinent.

« Monsieur, demandai-je à l'inconnu en ôtant humblement mon chapeau et en prenant une pose à la *Prudhomme*, ce bourgeois de Paris peint avec de si franches couleurs par Henri Monnier; — monsieur, c'est la première fois que je me rends à Brighton, ce port célèbre qui, après la bataille de Worcester, vit Charles II s'embarquer pour chercher un asile en France, à cette même cour qui, sept ans plus tard, porta le deuil d'Olivier Cromwell. »

Cette manière insolite de lier une conversation par une sorte d'introduction historique avait un caractère tellement pédantesque, qu'elle porta en plein dans la poitrine du représentant de l'École normale.

J. M. W. TURNER R. A. PINXT   R. WALLIS, SCULPT

BRIGHTON

« Monsieur, me répondit-il en relevant la tête et me montrant une figure rose et épanouie, c'est la seconde fois que je vais à Brighton ; je vous suis entièrement obligé du renseignement que vous avez bien voulu me donner à l'endroit de Charles II et de Cromwell. » Puis il me salua et reprit sa première attitude.

La réponse était formulée poliment. Il n'y avait pas moyen de s'en fâcher. Qu'avait donc ce bon jeune homme à la face printanière pour se faire ours et fuir le monde? Curieux comme tous les touristes, je résolus de le savoir ; aussi, à notre arrivée à Brighton, j'eus soin de me faire conduire dans le même hôtel que celui choisi par mon silencieux compatriote. Ma chambre touchait à la sienne, et, oserai-je le confesser, je me surpris à écouter un peu tout d'abord ce qui se passait chez mon voisin ; la cloison qui nous séparait était si mince ! Je n'entendis rien, absolument rien qu'un gros soupir et un formidable coup de poing déposé sur la cloison avec cette exclamation prononcée d'une voix très-sonore : *Enfin, j'y suis à Brighton!* — Et moi aussi, pensai-je, j'y suis à Brighton, et je ne sais pas trop ce que je suis venu faire dans cette résidence. Assurément Brighton est une ville charmante ; mais, comme toutes les villes élégantes d'eaux ou de bains de mer, elle est habitée par une population flottante qui se ressemble partout. Quant aux indigènes, dépossédés de leurs villas, de leurs maisons, ce ne sont plus, à vrai dire, que les concierges, que les cicerone de ce séjour favorisé de la mode pendant trois ou quatre mois de l'année.

Telles étaient mes réflexions, lorsqu'un second coup de poing, lancé avec la même énergie sur la même cloison, me fit bondir : *Enfin, j'y suis à Brighton!* clama la même voix stentorienne que je venais d'entendre. Que se proposait donc de faire à Brighton mon voisin pour se répéter d'une manière aussi monotone? Il y avait évidemment là une idée fixe, une monomanie qui pouvait avoir un côté fort intéressant à observer. Et tout de suite ma conscience se mit à l'aise avec mon espionnage, qui, à vrai dire, était du plus mauvais goût.

Mais la cloche tinte, une cloche étourdissante, la cloche du dîner. Allons, à table d'hôte, mon élève de l'École normale parlera peut-être. Le dîner fut très-nutritif, très-anglais, très-varié en bœuf et en pommes de terre ; seulement l'École normale n'y assista pas. — Eh quoi ! si jeune et si sobre, si détaché du roast-beef !

Je remonte dans ma chambre ; j'écoute : rien ; pas un mot, pas le plus léger coup de poing ! Dormirait-il, ce bon jeune homme? Il dort si peu que je l'aperçois de ma fenêtre, rentrant à la hâte, cachant un paquet sous sa redingote aux palmes bleues.

Mon bon jeune homme serait-il un voleur, un faux élève de l'École normale? ce paquet est peut-être un trousseau de rossignols? Voyons, la situation devient grave ; soyons attentif et ne perdons pas un seul instant de vue mon voisin. — Un bruit de vaisselle se fait entendre, il boit, il mange, il est très-content, très-satisfait de dîner tout seul en chambre ; j'attends la phrase, elle va venir, elle vient : *Enfin, j'y suis à Brighton!* s'écrie-t-il pour la troisième fois.

Il est évident que ce gaillard-là veut faire quelque mauvais coup : on frappe chez lui ; la police aura eu l'éveil, on va l'arrêter sans doute. Une voix nasillarde scande les mots suivants en français : « Monsieur, je suis votre serviteur ; je vous ai fait réserver une cellule particulière.

Du pain, de l'eau, quelques légumes, je vous recommande la diète la plus absolue. »

Voilà une singulière manière d'incarcérer les gens, me dis-je en riant; il est impossible de vous mettre avec plus de politesse sous les verrous. Mon voisin a bien fait de s'offrir un dîner particulier avant la venue du magistrat.

« Oh! merci, monsieur, merci de votre rare bonté; la diète que vous me recommandez, je l'observe depuis plusieurs jours et je m'y ferai sans difficulté. »

Très-bien, l'entretien se poursuit entre l'inculpé et l'homme de police. Je n'écoute plus rien, je suis fixé; je puis dormir tranquille. En effet, des pas se font entendre, ils sortent ensemble; le voleur est arrêté.

Le lendemain, lorsque je me rendis sur la magnifique jetée suspendue qui semble vous porter au beau milieu des flots, la première figure que je rencontrai, à mon grand étonnement, fut celle de mon bon jeune homme. Il n'était pas seul; à côté de lui marchait une charmante jeune personne bornée à sa droite par un monsieur à la mine doctorale, et à sa gauche par une sorte d'obélisque qui affectait la forme grêle et élancée d'une gouvernante française. Le jeune homme avait des petits regards en dessous qui allaient du côté de la jeune fille et ne recevaient pas trop mauvais accueil. Quand on fut arrivé à l'extrémité de la jetée, on s'assit sur un large banc.

Je ne vois pas pourquoi je ne me serais pas assis comme eux. Que faire sur une jetée lorsqu'on ne contemple pas la mer? Je me mis à examiner les quatre personnes qui étaient près de moi. Cette fois le jeune homme me reconnut, et me saluant : « Brighton, me dit-il en souriant avec malice, qui, après la bataille de Worcester..... »

Je ne le laissai pas achever; il était manifeste que l'élève de l'École normale me prenait pour un idiot. *Enfin, monsieur, enfin, j'y suis à Brighton!* m'écriai-je.

Ce fut lui à son tour qui se troubla; il me regarda fixement entre les deux yeux. Il y a, j'en ai fait plus d'une fois l'expérience, dans ces regards qui se croisent, des flammes ardentes qui vous éclairent, des étincelles magnétiques qui vous apportent un choc commun et mettent les esprits en communication intime, immédiate. Je vis tout de suite que mon jeune homme était un amoureux, lui me reconnut comme un curieux. Nous étions de la même famille. Il y avait bien aussi la jeune miss qui voulait se mettre en tiers dans notre confidence; ses yeux suivaient avec une telle attention une grosse barque qui flânait au large, qu'il était clair pour moi que toute son inquiétude se reportait sur ce coin de banc où la brise nous apportait ses caresses matinales. « Le vent augmente, dit le père, ce n'est pas bon pour les maladies d'estomac. Voilà l'heure de se rendre aux sources; il faut aller boire vos deux tasses. Je regrette que, pour le moment, vous n'ayez pas accepté la cellule que je vous avais fait préparer dans l'établissement des bains. Cet isolement eût rendu le traitement beaucoup plus efficace. Les douches, les lotions, eussent été continues. » Ces quelques mots avaient été scandés comme ceux que j'avais entendus, la veille, à l'hôtel. « Docteur, vous avez raison, » répondit l'élève de l'École normale, et il me fit un petit signe familier qui semblait dire : « Flattons la manie de ce brave homme; il a l'avantage d'avoir une fille, un ange, pour l'amour duquel je subirais tous les supplices de la question. »

Nous nous saluâmes les uns les autres. A sept heures, après le dîner à l'hôtel, toujours très-varié, comme celui de la ville, en bœuf et pommes de terre, je regagnai ma chambre. Le n° 22 (j'avais le n° 21) me précédait dans l'escalier, rasant le mur et portant un paquet sous son bras. Le n° 22, au bruit de mes pas, retourna la tête. C'était, bien entendu, mon bon jeune homme. « Vous aussi, me dit-il, vous logez dans cet hôtel? — Je suis, répondis-je, le n° 21. — Numéro 21, vous m'avez deviné un peu, je le crains bien, interrompit-il. Donc, sans autre préambule, veuillez me faire le plaisir de venir causer quelques instants avec moi dans ma chambre. »

Quand la porte se fut refermée sur nous : « Permettez avant tout que je prenne quelques aliments; je meurs de faim, » me dit mon voisin. Et immédiatement il se rua, c'est le mot, sur un énorme pâté, qu'il arrosa de vin de Bordeaux.

Quand il eut fini : « Je suis maintenant en état de vous parler, dit-il; je n'ignore pas, monsieur, que depuis notre départ de Dieppe vous m'avez mis en état de surveillance. J'ai appris votre nom à l'hôtel, et je trouve cette manière d'agir toute naturelle, puisque vous êtes un ami de mon père, M. V****. Mais vous me paraissez bon et indulgent; vous avez répondu à mon regard sur la jetée de manière à me laisser espérer que vous n'apportez aucune entrave à mes projets de mariage avec la fille du docteur P****.

« — Vous êtes le fils de V****, négociant à Bordeaux, que je n'ai pas vu depuis dix ans! m'écriai-je; je savais bien qu'il avait un fils unique, mais j'ignorais complétement que ce fils fût à Paris.

« — Je me nomme Alfred V****. Mon père m'a souvent parlé de vous, reprit le jeune homme; j'aurais dû aller vous voir; mais les études de l'École normale, qui se terminent pour moi cette année, m'ont complétement absorbé; ainsi, monsieur, ajouta-t-il, ce n'est pas mon père qui vous a prié de me surveiller à Brighton?

« — Nullement; c'est ma curiosité native qui m'a attaché à vous dès le premier moment; et puis c'est la faute de cette cloison qui m'a livré vos monologues et vos coups de poing.

« — Ah! monsieur, si vous aviez assisté à toutes les entraves qu'il m'a fallu vaincre pour venir à Brighton, vous vous expliqueriez cette joie que j'éprouve et que j'ai manifestée un peu bruyamment, je le confesse.

« L'année dernière, en revenant d'Oxford, je traversai Brighton; c'était pendant les vacances; la saison des bains de mer touchait à sa fin. Je rencontrai sur la jetée miss P****. Je la vis, je l'aimai; mais je ne pouvais, étant encore sur les bancs de l'École normale, la demander en mariage à son père, en présence de l'Océan et d'une promenade faite en canot. On se lie vite aux bains de mer; je fus mis promptement au courant des prédilections du père. Le docteur P**** s'est voué à l'étude exclusive des maladies d'estomac, des gastrites. Pour lui, les eaux ferrugineuses des sources de Brighton sont les premières eaux thermales du monde; il s'agissait donc, afin de devenir plus tard son gendre, de se faire d'abord son client, et d'arriver à établir une de ces guérisons merveilleuses, un de ces faits médicaux retentissants que nul ne peut nier.

« Doué de la plus florissante santé, je ruminai mon projet pendant tout le cours de ma dernière année d'études; ce qui fit que, dans mes compositions, je mêlai beaucoup d'odes et de sonnets à Julia. — Chère Julia, que je t'aime! s'écria impétueusement le jeune V**** en lançant dans le foyer le papier qui avait enveloppé le pâté.

« Depuis huit mois, je joue la comédie à l'École; je me suis fait malade, plusieurs médecins ont été appelés en consultation; j'ai subi divers traitements qui fort heureusement n'ont en rien altéré mon état de santé. Il est vrai de dire que la plupart des pilules ou des drogues ont toujours suivi le chemin de la fenêtre. Que vous dirais-je, monsieur, j'en suis arrivé à mes fins. J'ai fait parvenir à mon père le journal *le Times*, qui annonçait les vertus miraculeuses des sources de Brighton, et j'ai pu enfin être autorisé, malgré l'avis des médecins de Paris et de mes professeurs, à aller passer une saison à Brighton.

« Pour le docteur P****, je devais être sérieusement malade; il m'a prescrit une diète rigoureuse; voilà pourquoi je me nourris comme un troupier affamé; mais seul, dans ma chambre et loin des indiscrétions de la table d'hôte. Quant à la cellule dont il me menace, jamais je ne l'accepterai. Julia, qui connaît mon douloureux sacrifice, me considère comme un martyr de l'amour; je ne lui ai pas dit qu'après les eaux ferrugineuses je me reconforte un peu substantiellement. Pauvre enfant! je ne peux pourtant pas affronter les éventualités fâcheuses d'Ugolin, si je veux devenir son mari. Enfin, monsieur, j'en ai encore pour deux mois d'eaux thermales à absorber, de légumes à digérer et de mariage à désirer. A cette échéance, je serai guéri, radicalement guéri. Je me jetterai aux genoux du bon docteur; je lui demanderai sa fille; il me l'accordera; je supplierai mon excellent père de ratifier cette union, et il ne pourra faire autrement que de dire oui, puisque son fils aura été sauvé par M. P****. Puis j'obtiendrai une chaire de troisième ou de seconde en province, et la vie coulera douce pour moi. Voilà mon plan, l'approuvez-vous?

« — Entièrement, répondis-je en serrant la main du jeune V****, et quand le moment de la guérison sera venu, écrivez-moi pour que j'en fasse part à tous les journaux. Le docteur P**** sera d'autant mieux disposé en votre faveur que la presse parisienne aura chanté ses louanges.

« — Cher Numéro 21 ! s'écria Alfred V****; de ce moment vous êtes mon complice; en novembre prochain vous serez mon témoin. »

WILKIE, PINXT W. GREATBACH, SCULPT

LA FILLE DE SARAGOSSE.

H. MANDEVILLE, PARIS

LA FILLE DE SARAGOSSE

SARAGOSSE a un aspect de grandeur et d'austérité qui vous frappe et vous attire au milieu de ces antiques cités de l'Espagne, qui, toutes, ont leur physionomie distincte et bien tranchée. L'Aragonais admire sa vieille ville, respecte ses ruines et est attaché invariablement à ses coutumes. Enthousiaste de son pays, il montre avec orgueil les traces nombreuses de la lutte désespérée, sanglante, que Saragosse soutint en 1808 contre les soldats invincibles de l'empereur Napoléon Ier.

Au milieu de ces édifices mutilés par la mitraille, l'église de Notre-Dame del Pilar s'élève comme une prière au ciel pour lui demander de pardonner aux hommes ces luttes impies qui mêlèrent dans le carnage la voix de la guerre et la voix de l'Évangile, l'aigle impériale et l'image sainte du Christ.

Lorsque je pénétrai dans cette église, le jour touchait à sa fin. Près de la chapelle de la Vierge je remarquai une vieille femme debout, qui m'examina avec avidité. Comme je m'approchais pour contempler un tableau qui rappelait un épisode du siége mémorable de Saragosse, la vieille me barra le passage en me criant d'une voix accentuée par la colère et l'indignation : « Ne va pas plus loin, étranger, Français maudit; ne viens pas insulter dans leur pays les victimes que tu as entassées dans la tombe. Oh! je sais bien que tu es Français; je t'ai entendu demander tout à l'heure dans cette langue exécrée le chemin de Notre-Dame del Pilar, et je t'ai précédé pour que tu ne commettes pas un sacrilége. Sors de ce lieu saint; va-t'en, va-t'en, si tu ne veux pas que je commette un crime. » Et la vieille, agitant en l'air un mauvais couteau, semblait vouloir m'en frapper si je faisais un pas de plus.

J'avoue que toute cette fureur m'étonna plus qu'elle ne m'inspira de crainte; j'allais écarter le bras de la pauvre folle, lorsque survint le bedeau de l'église, qui, la poussant brutalement par les épaules, la chassa en lui disant : « Fille de Saragosse, je vous ferai mettre en prison si vous continuez vos actes de violence! — Suppôt du diable! lui répondit-elle en se redressant de toute sa taille, tu seras damné, toi et tous ceux qui te ressemblent, pour avoir accueilli un Français, un ennemi. » Et elle disparut.

— Quelle est donc cette femme? demandai-je au bedeau en accompagnant ma question d'une gratification que la fierté aragonaise de cet homme d'église eut la bonté d'agréer.

— Son histoire est un peu longue, me dit-il, à conter. Asseyons-nous sur ce banc. (En même temps il alluma un cierge qui éclaira faiblement la chapelle de la Vierge et le tableau que j'avais entrevu.) Béatrix, que nous appelons la fille de Saragosse, commença-t-il, avait dix-huit ans en 1808; elle était fiancée à Ignace, un brave ouvrier, lorsque vint la guerre avec la France. Napoléon avait donné pour roi à l'Espagne son frère Joseph, qui, huit jours après son entrée solennelle à Madrid, n'avait plus en son pouvoir que Barcelone, la Navarre et la Biscaye. Le feu courait d'un bout à l'autre de l'Espagne; chaque ville se soulevait, et l'on se battait de rue en rue, de maison en maison. Le siége de Saragosse était commencé. Une brèche était faite à ses murs, les Français allaient entrer dans la ville; c'était là que les attendait la vengeance. Alors, tous, hommes et femmes, moines et prêtres, se réunirent dans un seul et unique but, celui de mourir sous les décombres fumants de leurs maisons, et de ne pas survivre à la prise de leur ville. Ignace fit comme les autres, il alla aux remparts; Béatrix l'accompagna. Ce fut elle qui alluma la mèche d'un lourd canon que l'on avait placé devant l'une des portes de la ville, et, dès le commencement de l'action, le pauvre garçon tomba comme ses autres camarades pour ne plus se relever. Le supérieur des Dominicains, le père Philippe, qui commandait les Espagnols sur ce point, et Béatrix, purent échapper au massacre et se retirer dans le couvent qui est situé à l'extrémité de la ville. Là tous les moines qui vivaient encore furent rassemblés dans la chapelle. Debout et frémissants, ils écoutaient le chef qui les haranguait du haut de la chaire.

« Frères, s'écriait le supérieur, un jour de honte s'est levé sur notre pays natal; Saragosse est souillée aujourd'hui, à l'instant même, par l'armée française. Entendez-vous ces cris lointains? Entendez-vous ces étrangers qui s'approchent? La sainte croix du prêtre s'est humiliée devant la baïonnette du soldat; et ce monastère, qui nous abritait, où devait se trouver notre dernière demeure, où devait s'exhaler en paix notre dernier soupir, ne tardera pas sans doute à recevoir le joug des insolents vainqueurs. Frères, frères, l'humiliation, le dédain, l'outrage, le mépris, la risée, tout cela c'est pour nous; pour eux le despotisme barbare et la loi du plus fort. La généreuse terre d'Espagne, frères, s'est soulevée de rage et de douleur; elle a bu du sang de ses ennemis trop peu pour sa soif, et à ses enfants elle crie : Vengeance! mort aux Français! Vengeance au nom de Dieu! »

Un sourd frémissement se fit entendre sous ces voûtes crevassées par le temps, au milieu de ces gothiques pilastres, en face de ces religieux groupés dont le capuce noir descendait sur le visage, dans cette obscure chapelle à l'aspect triste qui s'assombrissait encore en ce moment : c'était un étrange spectacle tout empreint de terreur.

Le père Philippe reprit avec feu :

« Non, la patrie ne manquera pas de vengeurs ! Saragosse, tu ne renieras pas tous tes enfants ! Frères, servons la patrie par un noble sacrifice ; mourons pour elle, en entraînant avec nous de redoutables ennemis dans la tombe ! Que notre cercueil précède leur cercueil ; notre chant de mort escortera leur agonie. »

Les derniers accents du supérieur se perdirent dans le serment solennel que proférèrent aussitôt tous les religieux en tendant le bras droit vers un grand Christ placé sur l'autel. Ils jurèrent tous de mourir pour l'Espagne. Le chef descendit en hâte de la chaire, et vint mêler aussi sa voix à ce pacte mortuaire. Après, il les embrassa tous, donna quelques ordres et sortit du couvent.

Dans une ruelle déserte il rencontra Béatrix qui l'attendait, puis ils disparurent tous les deux en marchant à pas précipités, car on entendait dans le lointain le bruit des tambours, et la fusillade avait cessé.

Pendant l'absence de leur supérieur, les religieux se mirent à genoux et prièrent avec ferveur. Le jour tombait ; une lueur vacillante, quelques faibles rayons passaient en s'affaiblissant encore au travers des vitraux, et déjà toute la chapelle était à demi plongée dans cette ombre qui projette tant de majesté dans les lieux sacrés.

Sur les dalles grises et poudreuses ils abaissèrent le front ; ils sortirent ensuite lentement pour aller attendre dans leurs cellules le retour du supérieur. En les voyant passer sous le porche, enveloppés par le crépuscule du soir, les bras croisés sur la poitrine, la tête penchée, laissant à peine sur la terre la trace de leurs sandales, on eût dit des fantômes qui venaient de quitter leur suaire pour rendre aux vivants une nocturne visite. Mais bientôt ce silence solennel fut interrompu. Le supérieur venait de rentrer.

« Frères, dit-il, avec un son de voix aussi indéfinissable que son expression de physionomie qui semblait briller d'un effet surnaturel ; frères, j'espère que nous pourrons glorieusement consommer notre sacrifice. Une sainte fille, Béatrix, qui a vu, il y a quelques heures, son fiancé tomber expirant à ses côtés, s'est dévouée pour son pays. Elle attirera ici l'ennemi ; elle est jeune, elle est belle, et ces Français ne manqueront pas de la suivre partout où elle voudra les conduire. Un état-major tout entier va entrer dans le couvent au milieu du délire de la victoire, pour en sortir cloué dans une bière. Allons, faisons les préparatifs de leur dernier festin, au nom de l'Espagne, au nom de Dieu ! »

Aussitôt le réfectoire fut disposé en une salle de banquet. Chaque moine se multipliait ; tous les apprêts furent bientôt faits. A ce moment, on frappa discrètement à la porte du couvent. C'était Béatrix qui, l'œil en feu, les cheveux dénoués, n'eut que le temps de dire tout bas au supérieur : « Voilà les Français, ils sont à vous ; je vais prier la sainte Vierge pour que pas un n'échappe à la vengeance céleste. »

Quelques moments après, trente officiers de tous grades se présentaient. Tous les moines, au nombre de vingt, le supérieur en tête, allèrent les recevoir; c'était un brillant état-major, la plupart jeunes et décorés de l'étoile des braves. On les conduisit dans le réfectoire, et le banquet commença. Ces militaires, élevés dans les camps, accoutumés à la vie aventureuse du bivouac, ne s'inquiétant jamais du lendemain et ne songeant guère qu'à leur chef et à leur épée, s'attendaient à trouver de farouches cénobites, tous ridés par le jeûne et les privations; aussi furent-ils surpris de l'accueil qui leur était fait, plus surpris encore de l'attitude empressée des moines.

Après avoir passé à table plus d'une heure, le supérieur ordonna tout haut qu'on apportât une outre de peau de bouc qui renfermait, disait-il, le meilleur vin de l'Espagne. Ce commandement fit petiller tous les yeux; on salua le père d'un vivat général.

« Camarades, dit en se levant l'un des officiers les plus élevés en grade et qui se distinguait par une large balafre au front, je propose de réclamer l'aigle de la Légion d'honneur pour ce brave et digne supérieur!

« — Adopté, adopté!

« — Et si vous voulez obtenir cette distinction, mon révérend, reprit l'officier, vous n'avez qu'à bien faire vos provisions et courir nous attendre quelques jours à Madrid; ça ne sera pas long, du train où l'Empereur mène la besogne. »

Cette bravade inconsidérée révolta les moines. La fureur se décela sur leurs traits altérés; ils regardèrent le supérieur avec une expression si menaçante, que les Français, s'ils avaient été de sang-froid, se fussent à coup sûr méfiés d'eux. Le père resta impassible.

« Allons, s'écria-t-il avec une apparente tranquillité, nous nous inclinons devant la volonté de Dieu; nous sommes prêts à boire avec vous à la santé de l'empereur Napoléon! » Et prenant aussitôt le verre de chaque convive, il le plongea dans l'outre ouverte et le renvoya à son adresse rempli jusqu'au bord.

Lorsque tous les verres furent remplis, officiers et religieux se levèrent :

« *A la santé de l'Empereur!* s'écria un officier qui portait l'épaulette étoilée. — A la santé de l'Empereur! » répondit l'assistance d'une seule voix. Et les verres furent vidés.

A ce moment, une manifestation de contentement, d'impatiente attente remplie, éclata parmi les moines. Le supérieur porta avec une sérénité de martyr les yeux vers la haute voûte du monastère, comme pour remercier Dieu d'une si insigne faveur. Ce mouvement échappa à tous les officiers déjà troublés par les libations. Sur l'invitation pressante et réitérée des religieux, les verres puisèrent largement dans l'outre; le drame touchait à sa dernière péripétie.

Bientôt toutes les voix des officiers répétaient en chœur une chanson de France; le supérieur fit signe aux religieux, qui quittèrent aussitôt leurs places, se pressèrent dans un coin du réfectoire et se recueillirent un instant. Le père traça sur son front le signe de la croix, puis entonna ce lugubre verset :

« *De profundis clamavi ad te, Domine.* »

Les moines répondirent à ce chant des morts :

« *Domine, exaudi vocem meam.* »

Le père reprit :

« *Fiant aures tuæ intendentes in vocem deprecationis meæ.* »

Les moines répondirent encore, et ainsi alternativement jusqu'à la fin du psaume.

Les Français contemplaient cette scène inouïe avec une espèce de vertige, et lorsque le chant des morts eut cessé, lorsque tous ces moines fixèrent sur eux des yeux étincelants et sinistres, l'un d'eux s'avança vers les religieux avec résolution et hauteur :

« Que signifie tout cela? demanda-t-il impérieusement; serions-nous ici avec des traîtres? »

Tous les officiers le suivirent aussitôt, et portèrent la main sur leur épée en répétant sa question.

Les moines restèrent immobiles; seulement un sourire étrange effleura leurs lèvres. Le supérieur répondit, sans quitter sa place, sans laisser paraître la moindre altération sur son visage, et en montrant du doigt les dalles du réfectoire :

« Dans un quart d'heure, messieurs, vous serez tous gisants sur ces pierres!

— Tous gisants sur ces pierres! redirent les moines d'un ton caverneux.

— Pour vous reposer de vos fatigues et attendre le jour de marcher sur Madrid, ajouta le père avec un accent d'amère raillerie. Les généreux vainqueurs, qui viennent insulter à la table de leurs hôtes! Les nobles guerriers, qui répondent par le sarcasme et la menace au salut de l'hospitalité! Ah! vous aviez cru que des Espagnols seraient assez vils, assez lâches pour applaudir au désastre de leur patrie, et qu'ils viendraient presser avec cordialité les mains de ses oppresseurs! Vous avez cru cela..... L'Espagne est mieux servie par ses fils!.... Allons, étrangers maudits, songez à votre âme et faites votre prière à Dieu : vous n'avez pas un quart d'heure à vous..... »

Le père n'avait pas fini de parler, que tous les officiers, bravés et insultés, comprenant bien qu'un grand danger planait sur eux, s'élancèrent sur les religieux l'épée à la main. Il y eut un moment d'affreuse lutte. Le sang coulait, lorsque le supérieur s'écria d'une voix retentissante :

« Français, arrêtez! la mort viendra sans votre fer! Nous savions bien que si vous succombiez, nous ne pouvions vous échapper! La mort va venir; je vous le dis, elle approche : NOUS SOMMES TOUS EMPOISONNÉS!!!... »

A ce mot foudroyant, les épées tombèrent de la main des Français; ils restèrent terrifiés. Le supérieur, redevenu calme, commençait à réciter d'autres prières. Mais les premières atteintes du poison se firent sentir, et tous, religieux et officiers, ne tardèrent pas à se tordre dans d'atroces douleurs.

Au milieu de l'agonie, sous l'étreinte des dernières convulsions, les traits défigurés, chaque Français cherchait d'un œil éteint son plus cher ami, son plus dévoué compagnon d'armes, et se traînait vers lui pour expirer dans ses bras. Tous prononcèrent faiblement le nom de l'Empereur, tous celui de la France; d'autres aussi, le nom de leur mère, de leur pays natal qu'ils ne devaient plus revoir, et à ces souvenirs suprêmes, une larme tombant de leur paupière mourante mouillait lentement leurs visages!...

Quelques heures après, aux dernières lueurs des flambeaux qui finissaient de se consumer, un pâle visage apparut : c'était la fille de Saragosse, c'était Béatrix qui vint compter les cadavres. Il y en avait cinquante, trente Français et vingt Espagnols.

Alors la fille de Saragosse s'agenouilla et remercia Dieu d'avoir exaucé sa prière. A cette époque-là Béatrix était bien belle et ne ressemblait pas à la vieille folle que vous avez vue tout à l'heure : « Si vous voulez la connaître, monsieur, ajouta le bedeau en forme d'épilogue, voilà un tableau qui la représente au moment où elle va mettre le feu au canon sur les remparts de la ville, en 1808. » Et, prenant le cierge allumé, le bedeau éclaira la toile, qui m'apparut alors vivante, animée, sous cette lueur inattendue.

En reportant les yeux sur l'homme d'église, je lui trouvai un bien mauvais regard ; il fermait les feuillets de la notice qu'il venait de me débiter avec emphase ; à son insu le sang espagnol lui était monté au cœur ; fort heureusement que le sang de bedeau lui revint vite en présence d'une autre pièce d'argent que je plaçai dans sa main avide.

J. A. HAMMERSLEY. PINXT

R. BRANDARD. SCULPT

DRACHENFELS.

DRACHENFELS

Le Rhin roule ses eaux claires, la vague nonchalante brise avec un léger bruit, notre barque livre au vent sa fine voilure et s'éloigne rapidement du rivage. Comment décrire la magnificence de ces aspects lointains de l'horizon déroulant ses immenses profondeurs? A l'entour du lit où le Rhin étend ses eaux, partout des plaines fécondes, des coteaux couronnés de pampres, des plaines ombragées par des arbres fruitiers de la plus riche végétation, de beaux villages qui se mirent dans les eaux des rochers abrupts sur lesquels apparaissent des tours, vieux débris de la féodalité.

Les légendes, les chroniques naïves, les ballades des ménestrels ont prêté aux bords du Rhin une physionomie grave, austère, mélancolique dont l'effet réagit sur les imaginations rêveuses. Ces débris, qui présentent à l'œil quelque chose d'imposant, sont l'œuvre d'une main forte et grossière dirigée par le génie de la guerre. Contemporains de la féodalité, ils étonnent notre âge par leurs proportions hardies et inusitées. Sous les tours abîmées des vieux manoirs, sous leurs antiques créneaux, l'esprit est tenté d'évoquer les spectres et les fées, habitants vaporeux d'un monde idéal; puis les guerriers dont les cœurs de bronze battaient sous la lourde armure; enfin, tous ces êtres héroïques ou mensongers dont les historiens et les poëtes ont dessiné les grandes figures.

Cet esprit du merveilleux, qui plane dans les brumes de l'ancienne Calédonie et s'inspire au bruit des claymores et au cri des tempêtes, règne aussi sur les vastes champs de la vieille Germanie. Il revit dans ses croyances, dans la mysticité de ses doctrines, dans ses rêves idéalistes. La poésie a peuplé les donjons d'esprits mystérieux, elle poursuit sur les lacs aux eaux dormantes des follets insaisissables. A l'heure de la veillée, aux lueurs petillantes du genévrier, la légende trouve au sein de la famille une foi qui s'augmente avec les ombres de la nuit.

Aussi tous les bateliers des bords du Rhin ont-ils à vous faire des récits des anciens jours, tristes ou amusants. Rudesheim, Niédervalt, Reinstein, Bingen, Lorch, Baccarach, Saint-Goar, Welnich, Boppart, Coblentz, Remagen, Bonn, Cologne, voilà tout un itinéraire peuplé par les plus fantastiques images qui, à chaque coup de rame, surgissent devant vos yeux. Nous préférons la pauvre barque qui nous porte à cet orgueilleux steamer que nous voyons là-bas tracer un sillon au milieu des rives charmantes de Drachenfels.

Le château de Drachenfels figure au milieu des sept montagnes qui dominent les bords du Rhin. Il a eu le suprême honneur d'être chanté par lord Byron.

Quelques toits bien humbles semblent s'abriter à l'ombre de ce castel. Que de silence, que de paix dans ces modestes asiles!

A peine avions-nous mis le pied dans la barque, que notre batelier, conteur autant qu'un barbier de Séville ou de Bagdad, allait commencer un récitatif qui, à l'expression de son visage, semblait nous promettre de magnifiques horreurs; mais les eaux étaient si dormantes, le paysage était si calme, le soleil si resplendissant, que nous nous prîmes à rire d'un commun accord en présence de la figure hétéroclite de Péters; c'était le nom de notre batelier. L'effet de sa légende était manqué d'avance; il le comprit, et se résignant : « Il faut cependant, dit-il, que je vous conte quelque chose. » Et il ne trouva rien de mieux que de nous faire sa biographie.

Né sur les bords du Rhin, Péters Bluckmann était arrivé à l'âge où l'on aime, et il aimait. Son amour s'était révélé à Marie, et Marie lui avait, en retour, avoué le sien. Mais la guerre était déclarée, et, malgré les larmes de son amie, il fallait obéir à la gloire ou à la conscription. Il suivit l'armée française, sous les aigles du premier Empire, dans ses triomphes rapides, et alla avec elle jusqu'à Naples se reposer de ses hauts faits.

Avant de continuer ce récit, il est bon de dire que Péters fait de trois ou quatre langues un dialecte fort étrange. Le français, l'italien et l'allemand se sont, pour ainsi dire, mariés dans son idiome, qui n'est guère intelligible que pour lui seul. Le drogman le plus habile ne pourrait faire de la prose de Péters qu'une traduction fort peu exacte. Cependant, ce langage si dur, si barbare, est plein de naïves saillies et d'images qui ne perdent pas à passer par la bouche du conteur.

Bluckmann, le dirai-je? me sembla même éloquent et poëte quand il nous esquissa avec une émotion communicative le portrait des Italiennes. C'était vraiment chose curieuse que d'entendre cet homme du Nord traduisant dans son langage inculte l'impression que ces femmes avaient faite sur son cœur.

Il nous parlait avec ravissement, avec ivresse, de cette nature si riche, de ce ciel si pur, de ces nuits si tièdes, de cette Naples adorée qu'il avait bien voulu voir, mais où il n'avait pas voulu mourir.

Nous reprenons son récit. Péters était donc à Naples. Un jour il rencontra un habitant de la ville qui lui demanda avec une sorte de curiosité le nom du lieu où il était né : « Près de Drachenfels, repartit Bluckmann. — Drachenfels! reprit le Napolitain; ma femme est aussi de ce lieu. » Et sur-le-champ, sans plus de formes, il emmena Péters avec lui. Je vous laisse à deviner ce qui attendait Péters sous le toit du Napolitain. Vous l'avez trouvé, sans doute : cette fille des bords du

Rhin, c'était Marie! Marie, les premières, les uniques amours du pauvre soldat; Marie, qu'il avait aimée avec toute l'énergie de son âme, toute la constance de son cœur d'Allemand.

Marie, oubliant les promesses faites à Péters et ne le voyant pas revenir, avait agréé les offres d'un autre prétendant. Pour elle, la reconnaissance eut d'abord quelque embarras; elle rougit, pâlit, balbutia à la vue de son *pays;* mais son trouble dura peu. (Il y a lieu de croire que c'était Marie elle-même qui avait envoyé son époux à la recherche de Péters, qu'elle avait reconnu à la parade.) Le calme étant rentré dans l'âme de tous deux, ils exprimèrent avec expansion la joie qu'ils éprouvaient de se revoir; heureux de leur satisfaction, l'époux s'y associa.

Quelque temps après, l'armée française changea de cantonnement, et Péters Bluckmann dut quitter la Calabre.

Voilà qu'un jour on passait la revue sur une des places de la ville où Péters était en garnison. Un grand nombre d'oisifs et beaucoup de jolies curieuses étaient accourus; l'œil distrait du soldat découvrit parmi ces dernières une femme vêtue de noir; il crut la reconnaître : elle avait les traits, la tournure de Marie... Si c'était elle!...

Mais la revue est finie, il s'échappe comme un trait, franchit l'espace et cherche les traces de la femme dont l'aspect a mis son cœur en émoi. Il traverse les rues, les places, les quais, les carrefours; soins inutiles!... Il rentre à la caserne, sur le seuil de laquelle il trouve cette femme. C'était Marie, Marie, veuve et libre!... Son mari était mort, elle avait tout de suite pris la route de la ville où elle savait Péters en garnison, espérant trouver près de lui appui et consolation « N'étais-je pas ta promise, lui dit-elle avec des larmes, et toi, Péters, n'étais-tu pas mon fiancé? »

A ce souvenir, le brave soldat sauta à pieds joints par-dessus le premier mariage contracté par Marie. « Dix mois après, poursuivit Péters, *il était mon femme et chamais couble ne fit pli huru que nous!* »

Comme je m'empressais, pour ma part, de féliciter le batelier du bonheur qu'il devait à sa chère Marie : « *Oh! il est mort,* reprit-il en riant; *il est mort; moi en â bris un audre, y m'a donné cinq beaux enfants!* »

LA GUERRE ET LA PAIX

Le Rhin a eu jadis des géants; il a aujourd'hui des fantômes. Ces fantômes apparurent à VICTOR HUGO lorsqu'il composa son drame si poétique des BURGRAVES. Des châteaux qui sont sur ces collines, sa méditation passa aux châtelains qui sont dans la chronique, dans la légende et dans l'histoire. Il avait sous les yeux les édifices, il essaya de se figurer les hommes; du coquillage on peut conclure le mollusque, de la maison on peut conclure l'habitant. Et quelles maisons que les burgs du Rhin! et quels habitants que les burgraves! Ces grands chevaliers avaient trois armures : la première était faite de courage, c'était leur cœur; la deuxième d'acier, c'était leur vêtement; la troisième de granit, c'était leur forteresse.

L'illustre poëte a dépeint lui-même la vie qu'il menait dans ces ruines peuplées de souvenirs. Il vivait là plus parmi les pierres du temps passé que parmi les hommes du temps présent. Chaque jour, avec cette passion que comprendront les archéologues et les poëtes, il explorait quelque ancien édifice démoli. Quelquefois c'était dès le matin : il allait, gravissait la montagne et la ruine, brisait les ronces et les épines sous ses talons, écartait de la main les rideaux de lierre, escaladait les vieux pans de mur, et là, seul, pensif, oubliant tout, au milieu du chant des oiseaux, sous les rayons du soleil levant, assis sur quelque basalte verte de mousse ou enfoncé jusqu'aux genoux dans les hautes herbes humides de rosée, il déchiffrait une inscription romane ou mesurait l'écartement d'une ogive, tandis que les broussailles de la ruine, joyeusement remuées par le vent au-dessus de sa tête, faisaient tomber sur lui une pluie de fleurs. Quelquefois c'était le soir : au moment où le crépuscule ôtait leur forme aux collines et donnait au Rhin la blancheur sinistre de l'acier, il prenait, lui, le sentier de la montagne, coupé de temps en temps par quelque

P. LIGHTFOOT. SCULPT

GUERRE.

E. MANDEVILLE, PARIS.

escalier de lave et d'ardoise, et il montait jusqu'au burg démantelé. Là seul, comme la nuit, plus seul encore, car aucun chevrier n'oserait se hasarder dans des lieux pareils à ces heures que toutes les superstitions font redoutables, perdu dans l'obscurité, il se laissait aller à cette tristesse profonde qui vient au cœur quand on se trouve, à la tombée du soir, placé sur quelque sommet désert, entre les étoiles de Dieu qui s'allument splendidement au-dessus de notre tête et les pauvres étoiles de l'homme, qui s'allument aussi, elles, derrière la vitre misérable des cabanes, dans l'ombre, sous nos pieds. Puis, l'heure passait, et quelquefois minuit avait sonné à tous les clochers de la vallée, qu'il était encore là debout, dans quelque brèche du donjon, songeant, regardant, examinant l'attitude de la ruine; étudiant, témoin importun peut-être, ce que la nature fait dans la solitude et dans les ténèbres; écoutant, au milieu du fourmillement des animaux nocturnes, tous ces bruits singuliers dont la légende a fait des voix; contemplant dans l'angle des salles et dans la profondeur des corridors toutes ces formes vaguement dessinées par la lune et par la nuit dont la légende a fait des spectres. . . . .

Comme on le voit, ses jours et ses nuits étaient pleins de la même idée; il tâchait de dérober à ces ruines tout ce qu'elles peuvent apprendre à un penseur. On comprendra aisément qu'au milieu de ces contemplations et de ces rêveries, les burgraves lui soient revenus à l'esprit. Ces burgraves vivaient, comme on le sait, égaux aux princes, d'une vie presque royale. Aux douzième et treizième siècles, dit Kolhrausch, le titre de burgrave prenait rang immédiatement au-dessous du titre de roi.

Je venais d'évoquer le nom de VICTOR HUGO, et ce nom faisait apparaître à mes yeux les plus grandes images au moment même où je gravissais le chemin qui mène à la *Tour des rats*, située dans la petite île voisine de Bingen.

Les rayons de la lune glissaient à travers les meurtrières de la tour, les vagues battaient le pied de sa vieille masure, leur murmure ressemblait à des sanglots; les plantes frissonnaient au souffle du vent, la brise soupirait avec tristesse dans le feuillage; on eût dit des plaintes douloureuses, des accents de souffrance; il y avait dans ces voix diverses de la nature une indéfinissable mélancolie.

Arrivé sur la plate-forme de la tour, près du beffroi en ruine, j'aperçus à quelques pas de moi un vieux mendiant couvert de haillons orgueilleusement malpropres.

« La guerre et la paix, dit-il, comme continuant un monologue commencé avec lui-même, voilà l'histoire de ce monde; ce sont les arrière-petits-enfants qui supportent le poids des crimes et des folies de leurs ancêtres. Voyageur, ajouta-t-il en se retournant vers moi et en frappant de son bâton une meurtrière; ici, le fer, le feu ont entassé des victimes; la *Tour des rats* a été détruite, le burg a été démoli; puis la paix a réédifié les ruines, puis le temps est venu, les siècles se sont succédé qui ont passé par-dessus tout cela et ont tout renversé. Ici vivait jadis une jeune et belle princesse; elle avait, indépendamment de ses charmes, un cœur sensible, et justement ce fût la cause de son malheur. Elle ne put voir couler les larmes d'un gentil ménestrel du voisinage, entendre ses mélodieuses plaintes sans en être profondément touchée. Or donc, la compatissante princesse, cédant à son irrésistible émotion, laissa deviner au ménestrel tout l'excès de son amour. L'Altesse était fiancée à un sire qui n'était ni jeune, ni bon, ni bien fait; il n'avait ni la douce voix du troubadour, ni ses tendres regards. L'orgueil et la colère contractaient son front, et de sa bouche, au lieu de paroles d'amour, sortaient d'incessantes menaces. Irrité de la préférence que la dame accordait au chanteur de ballades et de virelais, ce seigneur farouche ne trouva rien de mieux pour se venger de l'infidèle que d'assiéger nuitamment le château qu'elle habitait. Tous ses défenseurs, son vieux père à leur tête, furent égorgés. Quant à elle, un châtiment plus terrible l'attendait; elle fut enfermée dans une tour où d'énormes rats avaient élu domicile depuis de longues années, et elle leur fut livrée en pâture.

« Fort heureusement le ménestrel soupçonnait la lâche vengeance de son rival; au milieu du sac et de l'incendie du château, il avait pénétré courageusement, une torche à la main, dans cette Tour des rats, et après avoir taillé en pièces et mis en fuite ces ennemis d'une autre espèce, il s'était blotti derrière le pilier d'une des caves de la tour, attendant en silence l'événement qu'il appréhendait.

« Au milieu de la nuit, une forme blanche se dessina au-dessus de sa tête. Le soupirail d'une oubliette laissa passer un corps qui glissa jusqu'à lui. C'était l'infortunée princesse, plus morte que vivante. Lorsqu'elle revint de son évanouissement, elle vit à ses genoux son bien-aimé ménestrel qui lui disait : « N'ayez peur, chère âme de ma vie, tant que le feu de cette torche brûlera, les rats que j'ai écartés à coups d'épée ne reparaîtront pas. Que si, au lieu des rats, le burgrave se montre, je vous tuerai, mon amour, et il n'aura que nos deux cadavres. »

« Rassurée complétement par cette promesse (les femmes, à cette époque-là, avaient le cœur des hommes), la princesse s'endormit d'un profond sommeil. A son réveil, elle ne vit plus rien que la nuit, la nuit profonde, et elle ne sentit plus rien, rien que les rats au corps gluant et froid qui montaient en troupe sur sa robe et en déchiraient à coups de dents le velours. Un bras vaillant et fort la protégeait cependant: c'était celui du ménestrel. La vapeur fétide de ce lieu avait éteint sa torche, et debout, le cœur palpitant, il faisait siffler son épée au milieu de cette cohue menaçante de rats affamés, qui, rassurés par l'ombre épaisse, s'avançaient en rangs pressés pour reprendre leur proie.

« Quel suprême moment! mourir, non sur le rempart, non à la face du soleil ou à la clarté des étoiles, mais dans la nuit d'une tombe, sous la dent meurtrière de vils animaux!

« Déjà une bande de ces carnivores, après avoir dépecé l'étoffe qui protégeait la pauvre princesse, rongeait la chair palpitante de son cou, de ses bras, de ses mains; déjà son héroïque défenseur, cédant au nombre, allait succomber, lorsqu'un cri de guerre se fit entendre au-dessus de leur tête. Des lumières apparurent au soupirail de l'oubliette; une corde leur fut tendue! ils étaient sauvés... sauvés par les ménestrels de la contrée, qui, poëtes et guerriers tout à la fois, étaient venus au secours de leur frère!

« C'est ici que la scène se passa, dit en terminant le vieux mendiant; le méchant burgrave avait été mis à mort, et les poëtes se cotisèrent (dans ce temps-là les poëtes avaient quelque monnaie

P. LIGHTFOOT. SCULP^T.

PAIX.

E. MANDEVILLE PARIS.

dans leur bourse) pour réédifier le castel de la belle princesse, en même temps que la *Tour des rats* que surmontait un magnifique beffroi.

« Le ménestrel, devenu leur chef, épousa la princesse; ils vécurent longtemps et...., finit, en riant sous cape, le vieux mendiant : Je vous demanderai un peu de feu, voyageur, pour rallumer ma pipe éteinte. »

Un peu de feu, un peu de tabac; la légende, à cette heure de la nuit, valait bien cela, d'autant plus que j'avais senti remuer sous mes pieds quelqu'un, sans doute des anciens hôtes de la *Tour des rats,* et cette rencontre m'avait donné le frisson, ce sel si nécessaire des récits de ce genre.

Je satisfis largement le mendiant cicerone; je ne mis qu'une condition à ces honoraires, c'est qu'il viendrait souper à l'hôtel de Bingen.

Là, lorsque je l'eus fait placer à une table de cuisine, je pus contempler à mon aise cette tête expressive de vieillard. De petite taille, mais large d'épaules et bâti comme un gladiateur, son front était large, ses yeux étincelants lançaient l'éclair, ses lèvres serrées semblaient contenir une raillerie toute prête à s'échapper. Cet homme, dans cette attitude naturelle, me représentait bien le mendiant-empereur Frédéric Barberousse, au moment où il se fait reconnaître des burgraves dans la salle des panoplies du château de Heppenheff :

Ah! mécréants, filous, ravageurs de bourgades,
Ma mort vous fait renaître. Eh bien, touchez, voyez,
Entendez! c'est bien moi! Sans doute, vous croyez
Être des chevaliers! Vous vous dites : « Nous sommes
Les fils des grands barons et des grands gentilshommes.
Nous les continuons. » Vous les continuez!
Vos pères, toujours fiers, jamais diminués,
Faisaient la grande guerre; ils se mettaient en marche,
Ils enjambaient les ponts dont on leur brisait l'arche,
Affrontaient le piquier ainsi que l'escadron,
Faisaient, musique en tête et sonnant du clairon,
Face à toute une armée et tenaient la campagne,
Et, si haute que fût la tour ou la montagne,
N'avaient besoin, pour prendre un château rude et fort,
Que d'une échelle en bois, pliant sous leur effort,
Dressée au pied des murs d'où ruisselait le soufre,
Ou d'une corde à nœuds qui, dans l'ombre du gouffre,
Balançait ces guerriers moins hommes que démons,
Et que le vent, la nuit, tordait aux flancs des monts!
Blâmait-on ces assauts de nuit, ces capitaines
Défiaient l'empereur, au grand jour, dans les plaines;

Puis attendaient, debout dans l'ombre, un contre vingt,
Que le soleil parût et que l'empereur vînt!
C'est ainsi qu'ils gagnaient châteaux, villes et terres;
Si bien qu'il se trouvait qu'après trente ans de guerres,
Quand on cherchait des yeux tous ces faiseurs d'exploits,
Les petits étaient ducs, et les grands étaient rois!
Vous, comme des chacals et comme des orfraies,
Cachés dans les taillis et dans les oseraies,
Vils, muets, accroupis, un poignard à la main,
Dans quelque mare immonde au bord du grand chemin,
D'un chien qui peut passer redoutant les morsures,
Vous épiez, le soir, près des routes peu sûres,
Le pas d'un voyageur, le grelot d'un mulet;
Vous êtes cent pour prendre un pauvre homme au collet;
Le coup fait, vous fuyez en hâte à vos repaires...
Et vous osez parler de vos pères! — Vos pères,
Hardis parmi les forts, grands parmi les meilleurs,
Étaient des conquérants; vous êtes des voleurs!

(2e Partie des *Burgraves*, scène VI.)

T. FAED. A.R.A. PINXT

LUMB STOCKS. A.R.A. SCULPT

LE PREMIER RAYON DE SOLIEL.

LE PREMIER RAYON DE SOLEIL

Le soleil, ce visiteur matinal des belles journées d'été, m'a envoyé, dès l'aube, ses rayons d'or, au sein desquels se joue un essaim d'animalcules. A travers les dessins capricieux que trace sur les rideaux de mon lit cette violation imprévue de mon domicile, voilà qu'emporté par l'imagination, cette folle du logis, je recompose avec ce premier rayon de soleil une simple et touchante histoire.

Je traversais, en 1860, les campagnes du Berri, trop poétiquement décrites par George Sand pour que je tente aucune description. Après un voyage de nuit très-fatigant, accompli par une chaleur de 30 degrés dans une voiture tout à fait primitive qui dessert les localités éloignées du chemin de fer, j'atteignis le bourg de B..., et là une maison hospitalière, celle du médecin de la commune, me reçut.

Au moment où j'entrai dans la première pièce servant de salle à manger et de salon tout à la fois, un charmant tableau d'intérieur captiva toute mon attention. Une jeune femme, une jeune mère, tenant son enfant en lisière, lui faisait essayer ses premiers pas. L'enfant se piquait d'autant plus à cet exercice nouveau pour lui, qu'à toute force il voulait s'emparer d'un rayon de soleil dont le reflet courait sur la muraille. La grand'mère, tenant ses aiguilles inactives, ne pouvait se lasser d'admirer la gentillesse, la pétulance du bébé. Je m'associai bien vite à la douce joie de cette petite scène.

Tout à coup le rayon de soleil se glissa sous le pan de la haute cheminée, et illumina, sur une planche placée à côté, un coffret de bois de rose et un gobelet d'argent, auprès duquel un rameau de buis s'effeuillait. Mes yeux accomplirent le même voyage que le rayon, et dans cette spirale d'or, j'entrevis les joues rosées de la jeune mère, qui étaient devenues deux véritables pivoines dès qu'elle s'était aperçue de la direction que prenait mon regard.

« Ce n'est pas la peine de rougir, Madeleine, fit la grand'maman; on ne rougit jamais pour une bonne action, pas plus que pour une faute commise lorsque cette faute est réparée par une vie de travail, de tendresse et d'abnégation. Tenez, monsieur, vous nous êtes envoyé par l'un de nos meilleurs amis de Paris, M. l'abbé X..., et je ne veux pas que vous emportiez de nous aucune mauvaise pensée. Pendant que Madeleine va aller, avec le petit, donner la pâtée à la famille de notre basse-cour, je vais vous conter l'histoire de ce gobelet d'argent, de ce coffret, et pourquoi mon fils, suivant mon désir, les a mis là bien en évidence. »

Madeleine se hâta de sortir, toute confuse et faisant maints signes de tête à la grand'mère, comme pour l'accuser de sa loquacité; mais la bonne vieille, tout en souriant, ne tint aucun compte de ces avertissements, et dès que nous fûmes seuls, elle me fit asseoir et commença en ces termes :

« Orpheline à quinze ans, Madeleine, qui est aujourd'hui ma fille bien-aimée, l'épouse chérie de mon fils, n'avait d'autre bien que son innocence quand Dieu voulut bien me la confier. Gabriel, mon unique enfant, avait été nourri par la mère de Madeleine. C'était aux soins extrêmes, aux veilles non interrompues de cette femme que je devais la conservation de mon fils né faible et maladif. Empressée de m'acquitter de la dette de la reconnaissance, dès que j'appris la mort de la mère de Madeleine, j'accourus à Auteuil, où demeurait cette jeune fille, je la pris avec moi et la ramenai à Paris. Là je réussis à calmer les premiers transports de sa douleur.

« Sensible et bonne, Madeleine conçut bientôt pour moi autant d'attachement que de respect, et je ne pus que m'applaudir de ce que j'avais fait pour la mettre à l'abri du malheur. Je n'avais pas tardé à reconnaître que cette aimable fille, à un caractère doux et soumis joignait une âme élevée, un esprit juste et prompt à s'instruire. Je résolus dès lors de féconder des dispositions aussi heureuses par une instruction éclairée et solide. Elle profita si bien des leçons que je lui fis donner par un vénérable prêtre, notre ami commun, l'abbé X..., qu'en peu de temps elle parla et écrivit parfaitement sa langue, tout en restant très-habile pour tous les détails du ménage.

« Si la paix et l'aisance régnaient chez moi, c'était en quelque sorte l'ouvrage de Madeleine. Son humeur franche et naïve avait adouci mon caractère un peu aigri par les pertes d'argent que j'avais éprouvées à la suite du décès de mon mari, modeste médecin dans les environs de Paris.

« Mon fils, qui avant l'arrivée de Madeleine cherchait à se soustraire à la triste monotonie de notre foyer domestique, rentrait chaque jour à la maison de bonne heure, et semblait trouver trop courtes les soirées qu'il passait entre sa mère et la fille de sa nourrice, qu'il appelait sa sœur. Mais ce calme heureux devait trop tôt avoir un terme, et déjà se préparaient les événements qui allaient renverser toute notre félicité.

« Gabriel n'avait pas encore atteint sa vingt et unième année; il suivait les cours de médecine, et se faisait remarquer parmi les élèves les plus assidus. Cependant, il avait formé dans l'école des liaisons qui, plus d'une fois, l'avaient écarté de la ligne de ses devoirs. La présence de Madeleine semblait avoir entièrement changé ses penchants; il paraissait avoir renoncé à des plaisirs qui s'échappent rapidement et qu'acompagnent trop souvent de tardifs et longs regrets! Ses amis le plaisantaient sur sa nouvelle façon de vivre et riaient de ce qu'ils appelaient sa *passion pour une petite paysanne.* Il souffrait leurs railleries sans y répondre; mais, enfin, on parvint à irriter son amour-propre, et tout à coup il se trouva reporté dans le sein de la société que, pour son bonheur, il avait si longtemps évitée.

« De ce moment, il ne rentra plus à la maison qu'à une heure très-avancée dans la nuit; sa santé s'altéra, son humeur devint brusque et sombre; il supportait impatiemment mes avis et se plaignait avec amertume du refus que je faisais de lui donner de l'argent aussi souvent qu'il en demandait; il fuyait surtout la vue de sa sœur, qui s'en affligeait en secret.

« Les choses étaient dans cet état, lorsqu'un matin Madeleine, ayant compté l'argenterie, trouva de moins six couverts et un ancien gobelet auquel je tenais beaucoup, parce qu'il me venait de l'aïeule de ma mère et que c'était une sorte de relique de famille.

« Une idée soudaine la remplit de crainte et de douleur. Elle avait remarqué, la veille, plus d'agitation dans la conduite de Gabriel; aussi demeura-t-elle toute troublée devant le buffet lorsque je survins. La confusion de Madeleine était trop visible pour qu'elle pût m'échapper. Mes questions pressantes achevèrent de l'embarrasser. En ce moment mes regards se portèrent sur le buffet. J'en retirai le coffret à argenterie et je m'assurai que six couverts n'y étaient plus. Je cherchai également le gobelet, et, ne le trouvant pas, j'interrogeai avec plus de sévérité la tremblante Madeleine, dont les réponses incohérentes et confuses firent malheureusement naître dans mon esprit les plus injurieux soupçons. Ne voyant dans ma fille adoptive, à travers l'égarement de ma colère, qu'une ingrate, qu'une lâche coupable, je laissai échapper contre elle les plus cruels reproches.

« Madeleine, éperdue, n'opposa aux transports de ma colère que des pleurs et des soupirs. Elle aima mieux paraître coupable que de me faire part de ses soupçons et de m'amener à la découverte de la triste vérité.

« Enfin, ne pouvant obtenir aucun aveu, j'ordonnai à Madeleine de quitter sur-le-champ ma maison, et quand cette infortunée voulut se jeter à mes pieds et baiser mes mains avant de partir, je la repoussai rudement et sans vouloir l'entendre.

« Le soir, mon fils ne rentra pas à l'heure du dîner; la soirée s'écoula; je ne le vis pas. Folle de chagrin, je me retirai dans ma chambre à coucher. La nuit était avancée, et je n'avais pu prendre encore aucun repos, me reprochant la cruauté excessive avec laquelle j'avais chassé Madeleine en la poussant ainsi vers le malheur ou la honte, lorsque j'entendis ma porte s'ouvrir doucement. Un pas léger, craintif, se fit entendre. Mon lit était au fond d'une alcôve et enveloppé d'épais rideaux; la lumière était depuis longtemps éteinte..... J'eus peur; cependant, au grincement que fit une clef qui ouvrait mon secrétaire, je n'hésitai pas à me lever et à courir droit au voleur. Il ne se défendit pas, et tombant à mes genoux : « Pardon, ma mère, me dit-il, pardon, je suis un misérable, je vous ai volé, et je venais vous voler encore pour payer des dettes honteuses, des dettes de jeu!

« — Malheureux! m'écriai-je en jetant un cri de détresse, tu n'es plus mon fils! Est-ce toi, dis, est-ce toi qui as dérobé l'argenterie? — Oui, ma mère, répondit-il en se traînant à mes pieds et en laissant éclater ses sanglots.

« — Eh bien, alors, apprends donc tout le mal que tu as fait à une pauvre fille qui s'est dévouée pour toi; j'ai chassé Madeleine ce matin, en la traitant de voleuse; elle est partie désespérée, et qu'est-elle devenue! Mon Dieu, épargnez-nous! m'écriai-je en joignant les mains; si elle est morte, nous aurons à répondre devant vous de la vie d'une innocente! »

« A ces mots, Gabriel, éperdu, se releva et disparut. Toute cette scène s'était passée dans l'ombre. Je me hâtai d'allumer une bougie. Je courus à la chambre de mon fils; il n'y était pas; je l'appelai, aucune voix ne répondit. Je descendis chez le concierge de la maison; il ne put rien m'apprendre. Mon fils avait un passe-partout et rentrait et sortait sans faire aucun appel à la loge. Je fis chercher une voiture; il était quatre heures du matin; c'était une froide nuit d'hiver; je me rendis chez l'abbé X..., ce vénérable prêtre, mon conseil et qui avait été l'instituteur de Madeleine. Je le trouvai debout et en prière. Ses yeux étaient pleins de larmes; à mon approche, il ne me dit que ces simples paroles : « Vous savez tout : Madeleine est innocente; votre fils seul est coupable; ils sont tous les deux ici près de moi. » Il n'avait pas fini de parler, que Madeleine, s'élançant à mes pieds, me supplia, dans les termes les plus touchants, de pardonner à mon fils. L'abbé X... se joignit à elle. « Il a péché gravement, dit-il; mais l'âme est bonne; n'a-t-il pas eu la pensée juste et saine de recourir à moi pour faire rendre justice à Madeleine, se doutant bien que le premier asile qu'elle avait dû chercher ne pouvait être que près du serviteur de Jésus-Christ? »

« Un an après, ajouta la bonne grand'mère avec attendrissement, mon fils était reçu docteur en médecine. Nous vînmes nous établir dans ce bourg où nous avions quelques amis; je n'avais plus qu'un revenu fort étroit, ayant payé toutes les dettes de Gabriel, et il ne pouvait dès lors songer à poursuivre une clientèle à Paris, où un médecin doit avoir des ressources suffisantes pour pouvoir attendre la fortune.

« Voilà six ans que nous habitons ici, six ans de félicité. Le jour où Gabriel s'est uni à Madeleine par les liens sacrés du mariage, j'ai voulu que le coffret de notre argenterie et le vieux gobelet fussent les témoins de notre bonheur. Je les ai placés là, dit-elle en laissant tomber une larme; s'ils me rappellent une faute honteuse, ils me rappellent aussi une forte et persévérante expiation, un dévouement filial à toutes épreuves. En les regardant, je songe que Dieu a des trésors de miséricorde infinie pour tous ceux qui reviennent dans le droit chemin avec la ferme intention d'y rester. »

LA GYPSY.

LA GIPSY

De toutes les vertus en honneur dans la société chrétienne, l'hospitalité est la seule que les musulmans se croient tenus de pratiquer, dit la princesse de Belgiojoso dans ses *Scènes de la vie intime et de la vie nomade en Orient*. Là où les devoirs sont peu nombreux, ils sont plus respectés, ce qui est tout à fait naturel. Les Orientaux ont donc pris au sérieux cette seule et unique vertu, cette solidaire contrainte qu'ils ont consenti à s'imposer. Malheureusement une vertu qui se contente des apparences est sujette à s'altérer bientôt. C'est ce qui arrive journellement de l'hospitalité orientale. Un musulman ne se consolera jamais d'avoir manqué aux lois de l'hospitalité. Entrez chez lui, priez-le d'en sortir, laissez-le se morfondre à la pluie ou au soleil à la porte de sa propre maison, ravagez son office, épuisez ses provisions de café et d'eau-de-vie, culbutez et mettez sens dessus dessous ses tapis, ses matelas, ses oreillers, cassez sa vaisselle, montez ses chevaux, rendez-les fourbus, si bon vous semble : il ne vous adressera pas un seul reproche, car vous êtes un *mouzafic*, un hôte ; c'est Dieu lui-même qui vous a envoyé, et quoi que vous fassiez, vous êtes et serez toujours le bienvenu. Tout cela est admirable! Mais si un musulman trouve le moyen de paraître aussi hospitalier que les lois et les mœurs l'exigent sans sacrifier une obole ou même en gagnant une grosse somme d'argent, fi de la vertu et vive l'hypocrisie! C'est là ce qui arrive quatre-vingt-dix-neuf fois sur cent. Votre hôte vous comble pendant votre séjour chez lui ; puis, si à votre départ, vous ne lui payez pas vingt fois la valeur de ce qu'il vous a donné, il attendra que vous soyez sorti de sa maison, que vous ayez déposé votre titre sacré de mouzafic, et il vous jettera des pierres.

C'est là précisément ce qui m'arriva chez un riche Maure des environs de Blidah.

J'avais passé vingt-quatre heures sous son toit ; il m'avait comblé de toutes sortes de prévenances; puis, quand je pris congé de lui, il me demanda de lui laisser à titre de souvenir une belle paire de pistolets *Devismes* qu'il avait remarquée dans ma valise; de plus, une montre *Bréguet* que j'avais laissé voir excitait toute sa convoitise. Après les pistolets et la montre, vint le tour de mes effets d'habillement. Il y avait surtout un certain gilet de flanelle rouge, je demande pardon d'entrer dans ces détails, qui faisait briller son œil de tous les feux de ce désir de posséder dont le rayonnement éclaire d'une façon diabolique le visage de ces indigènes.

Je pris le parti de lui abandonner pistolets, montre, gilet de flanelle et une superbe paire de bottes vernies. Je croyais, grâce à cette munificence, pouvoir me retirer tranquille. Point du tout. Au moment de prendre un chemin de traverse qui me ramenait à Blidah, au milieu d'une allée d'orangers séculaires, je fus encore l'objet de ses sollicitations.

« J'ai renvoyé, me cria-t-il, la femme que voici de ma maison; prends-la avec toi, *buono Francese;* je te la donne en toute propriété, ainsi que son enfant. Écoute, il faut payer l'impôt à son gouvernement; je me fais vieux; je dois réduire le personnel de mon harem. » Et sans attendre ma réponse : « Que Dieu te comble de toutes les félicités possibles! » ajouta-t-il. Et il disparut dans le ravin qui bordait la route.

Je regardai la malheureuse femme qui se trouvait ainsi abandonnée et rejetée du sein de la famille du vieux Maure. Ses grands yeux noirs se dessinaient admirablement sous deux sourcils arqués et teints à la manière arabe. Sa longue chevelure pendait jusqu'au-dessous de sa ceinture. Elle pouvait bien avoir vingt ans; l'enfant qu'elle portait dans ses bras, un ravissant petit garçon de deux à trois ans, dormait d'un profond sommeil.

« Monsieur, me dit-elle en langue franque, ne me plaignez pas, je ne suis pas Mauresque, je suis Égyptienne; on m'appelle la Gipsy; ma religion n'est pas celle de ces mauvais Arabes, et je ne demande pas mieux que d'être votre servante, si vous le voulez, ou, si vous ne le voulez pas, d'entrer en condition à Alger, pourvu qu'on me laisse mon enfant. »

Je me sentis saisi de compassion pour cette jeune femme, et dès que je fus arrivé à Blidah, où elle m'accompagna, je m'empressai de la recommander au sous-préfet de cette ville, qui, aux qualités éminentes du fonctionnaire public, joint celles d'un poëte spirituel et d'un charmant penseur. Lorsqu'il vit la Gipsy, il ne put assez l'admirer, assez fulminer aussi contre l'avarice du vieux Maure, qui, depuis deux ans, avait peu à peu liquidé sa maison. « Qu'allons-nous faire de cette infortunée? lui demandai-je. — Je vais la recommander, me dit-il, à Mme L..., d'Alger, qui s'est donné la sainte mission de recueillir un grand nombre de pauvres indigènes et de les placer utilement. Jusque-là je pourvoirai à tous ses besoins. »

Six ans après cette aventure, j'assistais, au théâtre de San-Carlo à Naples, à la première représentation d'un ballet ayant pour titre : LA GIPSY.

San-Carlo est, comme on le sait, le plus vaste théâtre de l'Europe. Il est le rendez-vous de la haute aristocratie; elle s'y montre, chaque soir, fastueuse et coquette dans ses petits salons soyeux; c'est là qu'elle reçoit, qu'elle fait ses visites, qu'elle donne ses audiences, intrigue, fait de la politique ou de la galanterie. Elle parle avec autant de liberté et d'éclat que dans ses appartements;

n'écoute qu'un air ou deux, encore faut-il qu'un *chut* prolongé l'avertisse qu'elle doit baisser le diapason de ses entretiens particuliers.

Après l'opéra (on donnait la *Sémiramide*), vint le ballet. Quel fut mon étonnement lorsque dans la *diva*, la danseuse applaudie frénétiquement, écrasée sous une tempête de bouquets, je crus reconnaître la Gipsy de Blidah! Par quelle transition était-elle passée de la condition de servitude dans laquelle je l'avais laissée à celle de ballerine à la mode? C'est ce que je me mis en quête d'apprendre en m'adressant au marquis de P***, qui causait dans une loge voisine de la mienne.

« La Gipsy, me répondit-il, va mimer au naturel le rôle qui lui est confié. Elle nous arrive directement du théâtre d'Alger, où elle a fait fanatisme. On m'a conté qu'une aventure romanesque avait métamorphosé la pauvre femme en une riche Yankee. Un Américain spleenique était venu passer ses quartiers d'hiver dans l'ancienne capitale des deys. Les tons chauds et colorés de la Mauresque ont réagi singulièrement sur les fibres marmoréennes de l'étranger. Bref, il l'a épousée sous la réserve d'une condition étrange, dit-on : c'est que le jour où elle aimerait d'amour un autre personnage que lui, W***, il lui retirerait son fils qu'elle adore, et pour lequel, avant de connaître W***, elle a supporté toutes sortes de misères et d'humiliations. Or, c'est là que le drame se complique. Revenant à son sang de Bohême qui ne peut mentir, la voilà, dit-on, qui s'est laissée brûler aux grands yeux noirs d'un danseur indien, qui, tenez, en ce moment, la prend dans ses bras et la soulève avec infiniment de brio..... » — *Bravo! bravo!* fit toute la salle; et les applaudissements de crouler.

Une seule loge restait silencieuse. Dans cette loge se tenait un homme à figure pâle, et un jeune garçon, beau comme le jour, eût dit un conte de fée.

« Vous regardez cette loge, poursuivit le marquis napolitain en suivant la direction de mon regard. Je ne sais pourquoi j'appréhende, aujourd'hui, un fatal dénoûment. Voilà quinze jours que l'Américain est là, chaque soir, à cette même place, et qu'il ne bouge pas quand toute la salle applaudit. Il n'y a rien de traître, de redoutable comme un Yankee qui ne dit mot. Et puis, pourquoi a-t-il amené aujourd'hui le petit garçon?... Voyez comme la Gipsy semble dévorée d'inquiétude! dans chacun de ses pas, de ses mouvements, on devine qu'elle est en proie à une agitation convulsive... »

Le ballet se terminait sous un déluge de fleurs, sous un tonnerre de clameurs enthousiastes, lorsque, après tout ce tumulte, l'Américain se leva froidement, plaça son lorgnon sur son œil, salua la Gipsy, et fit signe au jeune garçon de saluer également, ce que l'enfant fit avec une certaine répugnance.

Cette scène presque imperceptible me fit peur. Je me rendis à la loge de foyer où la Gipsy devait être entourée, à cette heure de triomphe, de toute la fleur masculine et aristocratique de Naples. Je ne rencontrai, sur la scène, que des visages consternés. La Gipsy, disait-on, la Gipsy vient de se frapper d'un coup de couteau. — Quelque mystère d'ardente jalousie, sans doute, murmurait la foule d'allants et venants. — « Non, interrompit le marquis de P***, la Gipsy s'est tuée parce que l'amante avait chez elle vaincu la mère. » Et une voix lamentable arriva jusqu'à nous :

« Mon fils! mon fils! criait dans son agonie l'infortunée; qu'il me rende mon fils! je veux mon fils! mon fils!.... » Puis un silence de mort se fit.

« Messieurs, dit le régisseur, il faut vous retirer... le corps d'une morte va passer. » A ce moment, deux garçons de théâtre s'avancèrent, portant sur un fauteuil la danseuse étendue, sans vie... C'était bien elle, la Gipsy de Blidah, à la chevelure noire, dénouée jusqu'à la ceinture, les lèvres pâles, les prunelles vagues, pleines de l'étonnement du tombeau.

Un billet à moitié déchiré avait été trouvé dans la main contractée de la danseuse; il contenait ces mots :

« Vous avez manqué à votre parole, je tiens la mienne. J'emmène votre fils; vous ne le verrez « plus.

« W***. »

J. M. W. TURNER. R. A. PINXT

J. C. ARMYTAGE. SCULPT

AU BORD DE LA MER.

H. MANDEVILLE. PARIS.

AU BORD DE LA MER

DANS la vie du touriste, la mer occupe une large place. Il aime, après les longs voyages en terre ferme, à contempler cette immense plaine liquide qui est la révélation la plus grande de l'infini! Asseyons-nous au pied de l'embarcadère, au milieu des pêcheurs et de leur moisson au moment où le soleil se lève à travers les brumes du matin pour éclairer cette scène toujours grandiose, toujours nouvelle, et relisons ces beaux vers écrits par madame la baronne de Montaran sur les grèves de l'Océan.

LE MATIN

Tu viens de te lever, ma rayonnante aurore!
Et toi, toi qui jamais ne te lasses d'éclore,
Ame de l'univers, souffle immatériel,
Toi qui jaillis de Dieu, comme l'éclair du ciel,
Te voici de retour, et ta main matinale
Au front de la nature a fait briller l'opale!
Paré de ses couleurs, le magique lointain
Se rougit tout à coup sous les feux du matin.
Verse-moi tes trésors, espérance chérie!
Endors entre tes bras ma triste rêverie!
Mêle tes songes d'or aux souffles de l'été,
Et dissipe ma nuit par ta vive clarté!

AU BORD DE LA MER.

Voici le jour, la mer s'éveille :
Elle chante, et sa voix résonne à mon oreille ;
Et je vois accourir du splendide horizon
Le flot obéissant sous sa blanche toison.

Voici le jour sur la colline :
Le tremble sous le vent et s'agite et s'incline ;
Les platanes changeants et les grands peupliers
Dessinent les détours de ses ombreux sentiers.
La nuit et sa fraîcheur leur versa la rosée,
Douces larmes du ciel !... La nature épuisée
Va donc s'épanouir, sous son voile argentin,
Aux fécondants baisers des brises du matin.
La blanche pâquerette, étoile des prairies,
La pervenche au sein bleu, la fleur des rêveries,
Et l'algue qui surgit des abîmes sans fond,
Pareille au pampre vert dont on pare son front :
Tout revit au soleil, et cette âme immortelle
Redonne à la nature une force nouvelle.
Oui, tout respire et vit, dans les bois, sur la mer,
Sur le sol palpitant, aux régions de l'air.

Voici le jour ! l'homme s'éveille et prie,
Et le chant de l'oiseau mêle sa mélodie
A ce pieux concert ; sur les ailes du vent
Il monte jusqu'à Dieu comme un parfum vivant.
Cantique matinal, dîme reconnaissante
Par la nature offerte à sa bonté puissante ;
Harmonieuse voix, écho du genre humain,
Qui de la terre au ciel a trouvé le chemin.

Oh ! dès que le jour luit, aux rayons de l'aurore,
Près de ces bords dorés je me retrouve encore,
Et je vais m'oubliant à l'ombre du bouleau
Qui se mire tremblant dans le cristal de l'eau.
Là trop vite le temps s'écoule goutte à goutte ;
Le soir me voit passer par une même route,
Et, dans le flot sans tache et pur comme un miroir,
Dieu se montre moins grand, c'est à nous de l'y voir.
Longtemps je reste là, dans un pieux silence,

AU BORD DE LA MER.

Promenant mon regard sur l'Océan immense,
Le laissant voyager libre, toujours errant
Sur le vague horizon, sur le flot transparent,
Ne demandant à Dieu, pour bien aimer la vie,
Que le ciel et la mer, le nuage et le flot,
Déroulant à mes yeux une page infinie
De ce livre éternel dont l'auteur est là-haut.

Quand l'homme, soulevant le doute qui l'écrase,
S'arrête sur ces bords; là, palpitant d'extase,
Il fléchit le genou : sa lèvre avec ardeur
A redit le grand nom, le nom du Créateur;
Et dans son cœur qui bat, dans son esprit qui pense,
Morte... elle revivra, l'immortelle espérance!

Le matelot avec amour
Dit à la mer : Salut!... et part avec le jour,
Lorsque le flot s'endort, lorsque gronde l'orage,
Il s'élance en chantant sur l'onde sans rivage.
Qu'il est beau l'avenir de son riant matin!
Nul n'en sait mieux dorer le décevant lointain.
Aujourd'hui, comme hier, je le revois encore
Ouvrant sa voile grise au souffle de l'aurore :
Faible esquif, adieu donc! En deux bonds il a fui;
Le voilà loin du bord; l'horizon est à lui.....
La vague sur ses flancs se répand en poussière,
Festonnant l'Océan de sa blanche lumière;
Le mousse va chantant, il regarde le ciel;
Mais le flot sera-t-il favorable ou cruel?

La mer ouvre les plis de sa robe nacrée;
Le sloop trace un sillon sur sa trame azurée,
Le soleil a doré son lit étincelant;
Il glisse, puis s'enfuit dans ce sentier tremblant.
Hâte-toi donc, pêcheur, et reviens au rivage;
Accours, avec le soir étaler sur la plage
Tes richesses du jour, le précieux butin
Que tu courus chercher sur l'abîme lointain.
Reviens, reviens, pêcheur, car ta mère attentive,
Appelant ton retour, est déjà sur la rive!

AU BORD DE LA MER.

Puis à la terre un jour le marin dit adieu,
Pour vivre sur le flot qui n'appartient qu'à Dieu ;
Et quel terme assigner à sa trop longue absence?
Il ne mesure plus le temps ni la distance :
Où la vague finit, là commence le ciel ;
Pour lui toujours des flots sous l'œil de l'Éternel !
Et sur ce grand théâtre, où Dieu dans sa colère
Va bientôt lui livrer une éternelle guerre,
Il combat à toute heure, il lutte vaillamment ;
Sa force donne un maître au perfide élément.

Pendant les nuits d'orage, au vent ouvrant sa voile,
Il court, cherchant là-haut sa lumineuse étoile ;
Il avance au hasard : l'ardent éclair a lui,
Et l'abîme qui s'ouvre est béant devant lui.
Dans ses agrès brisés un vent fougueux s'engage ;
Sur les flancs du navire et d'étage en étage
L'eau monte, monte encore, et l'aquilon abat
Sur le pont ébranlé les vergues et le mât.
L'homme se sent grandir sous l'horreur qui le glace ;
Il a su mesurer le ténébreux espace,
Et sillonnant la mer sous un ciel enflammé,
Il brave les écueils dont son gouffre est semé.

De son pays natal verra-t-il le rivage?
A-t-il atteint le jour de son dernier naufrage?
Du gouffre bouillonnant monte un long cri de mort ;
Le brick, jouet des vents, rentrera-t-il au port?
Et, brisant le seul nœud qui l'attache à la terre,
Le malheureux banni reverra-t-il sa mère?
Mais contre les autans sa force est son appui ;
Dans ce jeu de hasard le succès est à lui.
Aussitôt le timon, dans la main du pilote,
Dirige le navire, et le voilà qui flotte.
On a vu dans le ciel luire un dernier éclair ;
La tempête et le vent se dissipent dans l'air.

A. JOHNSTON. PINXT — P. LIGHTFOOT SCULPT

LE JOUR DU SEIGNEUR.

LE JOUR DU SEIGNEUR

J'ÉTAIS l'hôte d'un honnête countryman, M. William, dans le comté de Kent, et sur les sollicitations d'un de mes amis, j'avais ouvert la porte de cette calme et tranquille demeure à son fils unique, jeune échappé des bancs du collége, qui, appelé à jouir un jour d'une assez ronde fortune, ne voulait s'occuper que d'arts, de belles-lettres et de poésie. Son père, qui était banquier à Lyon, voyait avec peine ces tendances vers l'inconnu; aussi cherchait-il, par tous les moyens possibles, à remettre son héritier dans la voie positive.

Quoi qu'il en fût, Paul ne voulait suivre qu'une seule voie, celle qui mène au Capitole ou à la roche Tarpéienne; et pour commencer cette ascension, il s'était latinisé Paulus. Donc, Paulus vint en Angleterre avec le parti pris d'avance de se livrer à un paradoxe effréné à l'endroit du réalisme britannique. La famille de mon hôte se composait de son père et de sa mère, vénérables vieillards, de sa femme, de deux enfants et d'une jeune sœur de sa femme. Cette famille, unie étroitement, vivait en paix, et pratiquait toutes les vertus domestiques qu'inspire une douce piété.

Paulus tomba comme une bombe au milieu de ce paisible intérieur.

« J'ai vu Londres, dit-il à la première réunion du soir; j'ai vu cette ville de boue, de fer et de fumée. Rues larges, quais hideux, pavés rares, soleil étonné, passants tristes, dimanches affligeants, mendiantes en chapeau de satin, bas de coton bon marché, poésie absente! Hélas! hélas! on ne vit pas ici, on s'étiole; de l'air, de l'air, j'étouffe dans ce milieu! »

A ces mots, la jeune sœur du countryman ouvrit malicieusement une fenêtre qui donnait sur la campagne. Un vent froid de septembre nous envoya son salut glacial.

Paulus éternua bruyamment, et incontinent la fenêtre fut fermée.

« Quel âge avez-vous, mademoiselle, et comment vous appelez-vous? demanda très-sérieusement Paulus à la jeune fille.

« — Dix-sept ans, monsieur, et je me nomme Marie.

« — On dit qu'il y aura beaucoup de pommes de terre cette année?

« — Oui, monsieur.

« — Est-ce que vous aimez les côtelettes?

« — Oui, monsieur.

« — Jouez-vous du piano?

« — Non, monsieur.

« — Tant mieux, mademoiselle. »

Tel fut à peu près l'aimable langage de Paulus pendant cette première soirée.

A dix heures, tout le monde se retira, et Paulus alla occuper l'appartement qu'on lui avait préparé.

« Tous crétins, me dit-il à demi-voix. C'est égal, la petite a une figure composite qui a de la couleur; elle a, parbleu, bien raison de manger des côtelettes; ce sont les côtelettes qui font ce carmin des vignettes anglaises que l'on ne trouve que dans les brumes de ce pays. » Puis tout à coup Paulus s'interrompit; il venait d'apercevoir sur une Bible entr'ouverte un gant de femme : « Il y a une odeur virginale dans cette chambre, dit-il. Est-ce qu'on aurait fait déloger la petite pour m'abriter?

« — Et mais, sans doute, lui répondis-je. Allons, rêvez, poëte, rêvez. Puisse, dans cette honnête demeure, une bouffée de bon sens souffler sur vous! »

Le lendemain matin, je trouvai Paulus dans sa chambre, livré à de profondes méditations en présence de la Bible et du gant qu'il considérait avec beaucoup d'attention.

« Un gant de Suède; comme ce gant est petit! » Et il lut dans la Bible ce passage du mariage d'Isaac : « Le serviteur fidèle, Éliézer, ayant connu à cette marque que c'était celle que Dieu avait destinée à son maître, lui donna sur l'heure des pendants d'oreilles et des bracelets. (On se procure tout cela au Palais-Royal.) Rebecca se hâta d'aller chez elle donner avis de ce qui venait d'arriver à Laban, son frère... » — Tiens, dit Paulus en levant le nez, vous m'écoutiez... Bonjour, Laban!

« Voyez ce gant, ajouta-t-il en riant, il nuit beaucoup à ma lecture de la Bible; aussi il est étonnamment petit; je ne puis croire qu'il aille à la main de miss Marie. »

Au déjeuner, Paulus contempla sournoisement ladite main, et put s'assurer que le gant qu'il avait fait son prisonnier appartenait bien à la jeune fille. « Quelle main de fée! me glissa-t-il lorsque nous fûmes seuls dans le jardin; et cela mange des côtelettes! et cela vit au milieu de parents vieux-saxe, très-respectables sans doute, mais très-ébréchés.

« — Mon jeune ami, lui dis-je sérieusement, toutes ces formules cavalières de la langue d'atelier sont tout à fait déplacées ici; vous êtes en présence de braves, d'honnêtes gens, tâchez de vous conduire en brave et honnête homme.

« — Au diable le gant! s'écria Paulus; la *Revue du Progrès* attend mes considérations philosophiques sur l'idéal dans l'art; allons faire mon premier article... » Et Paulus remonta dans sa chambre.

A cinq heures, j'allai le chercher.

« Est-ce qu'un artiste, un poëte, un écrivain peut se marier? me demanda-t-il; j'ai entendu plaider le pour et le contre, le mariage étant la chose du monde la plus incompatible avec la poésie et l'harmonie des tons. Après tout, lire la Bible ou lire Victor Hugo, planter des choux ou rimer aux étoiles, devenir garde national ou membre de l'Institut, voilà ce qu'il s'agit de mettre en balance... C'est bien beau, la gloire! c'est bien beau, la renommée! mais une maison blanche comme celle-ci avec des volets verts, un verger, un jardin, un champ, une prairie, un chien, des bœufs, des poules, la chasse, la pêche et... le gant de Suède de Marie avec Marie pour femme... Toujours ce gant... je vais le jeter par la fenêtre; non... je vais le rendre à Marie... Je ne peux pas voir ce gant; il me magnétise, il m'annihile...

« — Ne vous occupez donc pas davantage de cette famille vieux-saxe, comme vous l'appelez, lui dis-je, et de cette petite fille qui a une figure charmante, il est vrai, mais qui n'épousera jamais un artiste riche comme vous l'êtes de 50,000 livres de rente, attendu que la pauvre enfant ne peut, avec sa maigre dot, aspirer qu'à devenir la femme d'un fermier de la contrée. Laissez là ce gant, cette Bible, le mariage d'Isaac, et apprenez la grammaire anglaise.

« — Merci, Laban, répondit Paulus; votre parole est cassante, elle résonne à mon oreille avec toute la pureté métallique d'un penny; vous avez raison : la vie à deux n'est qu'un assemblage raisonné de pièces de cent sous. A tant le tas; prenez, faites-vous servir, et ne mettez pas de faux poids dans la balance. Et dire que j'ai passé dix ans de ma vie sur les bancs d'un lycée pour élever mon âme et cultiver mon esprit, afin d'en arriver à cette conclusion : La rente vaut tant! merci, Laban! »

De ce moment, Paulus devint sérieux comme un *perfect gentleman*. Chaque dimanche, M. William lisait quelques pages de la Bible, et Paulus semblait l'écouter attentivement, ainsi que toute la famille. Cependant je crus m'apercevoir que ses yeux interrogeaient trop souvent ceux de miss Marie. Le gant de Suède n'avait pas été rendu! Est-ce que Paulus chercherait à ébaucher un roman intime? Je crus devoir fermer ce roman à la première page; j'écrivis à son père, et quelques jours après Paulus reçut l'ordre formel de revenir à Lyon.

C'était à la fin d'octobre, par une belle journée d'automne. En même temps que mon jeune ami rentrait en France, je prenais congé de mon hôte pour me diriger sur l'Écosse.

Nos adieux à la famille William furent reçus avec la plus touchante cordialité; je vis perler une larme dans les yeux de miss Marie, et Paulus devint tout pâle, tout effaré lorsqu'il lui donna une poignée de main à l'anglaise.

Il était temps, pensai-je, que M. Paul fût rendu aux beaux-arts et à son pays natal.

Deux ans après, par un magnifique dimanche de juin, la famille William était réunie comme d'ordinaire dans la salle commune. Le chef avait ouvert la Bible, et tous l'écoutaient attentivement. William lisait précisément le passage relatif au mariage d'Isaac, qui avait si fort occupé dans le temps le jeune Paulus.

« Éliézer dit qu'il était le serviteur d'Abraham, que Dieu avait rendu son maître extrêmement riche, et que, voulant marier son fils Isaac, il l'avait envoyé en leur pays, où ayant prié Dieu de lui faire voir par signe la femme qu'il destinait à Isaac, il avait reconnu que c'était Rebecca et qu'il venait la leur demander. »

En cet instant, le marteau de cuivre de la porte de la maison retentit deux fois. Une servante annonça M. Paul ***.

Paul, c'était Paulus, qui fut accueilli par toute la famille comme s'il l'avait quittée la veille.

« Miss Marie, dit-il à la jeune fille, je vous ai volé, il y a deux ans, ce gant de Suède que je vous rapporte. Vous ne pouvez absoudre le voleur que si, cédant au vœu de mon père et d'un ami, votre ancien hôte, qui m'accompagne, vous m'accordez le droit de me dire votre fiancé. »

M. William sourit à ces mots; il était manifeste que cette démarche avait été agréée par lui à l'avance; mais il se tut et laissa la jeune fille libre de se prononcer.

« Monsieur Paulus..., dit-elle.

« — Paul, s'il vous plaît, interrompit le jeune homme; j'ai jeté au feu Paulus, sa poésie et toutes ses folies de jeunesse.

« — Eh bien, monsieur Paul, aimez-vous les côtelettes?

« — Oui, mademoiselle.

« — Jouez-vous du piano?

« — Non, mademoiselle.

« — Tant mieux, monsieur; je vois que nous avons les mêmes goûts, les mêmes sympathies, et voilà pourquoi je refuse le gant volé que vous m'offrez, parce que de la similitude d'humeur naîtrait pour nous l'ennui.

« — Monsieur William, pria Paul tout confus, venez à mon aide.

« — Je reprends ma lecture, interrompit William. « Bathuel et Laban, reconnaissant visiblement le doigt de Dieu dans cette affaire, consentirent au mariage... »

« — Mes chers hôtes, m'écriai-je, inspirez-vous de la lettre de l'Écriture sainte! Je vous présente Paul comme un homme sérieux, comme un homme vous aimant tous avec tendresse et respect; ce gant qu'il vous rapporte ne l'a pas quitté une seule minute depuis deux ans. Ce merveilleux petit gant a été son talisman; il l'a ramené dans le bon chemin; souscrivez au vœu de son père, au mien.

« — Voyons, dit le bon William en s'adressant à Marie, aimez-vous un peu ce pauvre jeune homme? »

Pour toute réponse, la jeune fille, les yeux baissés, les roses sur les joues, dit d'une voix étouffée par l'émotion :

« — Gardez ce gant, monsieur Paul, je vous donnerai l'autre.

« — Et je les mettrai, dit le jeune homme d'une voix animée par l'élan du bonheur, dans votre corbeille de noces.

« — Béni soit ce saint jour du dimanche, prononça William, qui nous unit tous dans une même prière, dans une même joie, BÉNI SOIT LE JOUR DU SEIGNEUR! »

W. RICHARDSON, SOULP^T

IDYLLE.

H. MANDEVILLE, PARIS

IDYLLE

Ce charmant paysage, dont le souvenir nous envoie toutes les senteurs de l'été, toutes les chaudes émanations de la nature, ne saurait être encadré par une prosaïque description. Nous faisons un appel à un aimable poëte, M. Henri Cantel, pour traduire les impressions que nous a laissées la vue d'une jeune et fraîche paysanne traversant bravement un gué, suivie de son chien, fidèle aide de camp, tandis que *sa demoiselle,* châtelaine de douze ans à peine, restée de l'autre côté de la rive, s'adressait des sourires de coquette à travers le miroir des eaux.

Manette est belle fille; à la danse le soir
Nous nous pressons les doigts sans qu'on nous puisse voir.
Sa main de paysanne est blanche et sans rudesse,
Et son jeune regard égale une caresse.
De sa coiffe de tulle, odorants et mutins,
S'échappent en flocons quelques cheveux châtains;
Un peu brune, on dirait du duvet de la pêche
Qui veloute sa joue étincelante et fraîche.
Du lait de ses brebis ses dents ont la blancheur,
Et sa bouche ressemble à l'œillet rouge en fleur,
Au point que mainte abeille autour d'elle voltige.
Droite comme un épi s'élançant sur sa tige
Sa tête sur son cou se dresse fièrement.

. . . .

Lorsqu'elle va remplir sa cruche à la fontaine,

IDYLLE.

Elle s'assied au bord, et se penche, et longtemps
Regarde dans le flot trembler ses traits flottants,
Sourit à son visage et coquette et naïve,
Écoute en rougissant si personne n'arrive.
Elle sait où doit paître aujourd'hui le troupeau,
Où, sans mouiller sa robe, on passe le ruisseau,
Où la fraise se cache, où se projette l'ombre,
Et des nids d'alentour elle a compté le nombre.
Elle court dans les prés, pieds nus, et ses chansons
Semblent faire pousser des fleurs sur les buissons.
Vive comme un oiseau des champs, gaie et légère,
Vous la verriez cueillir un bouquet de bruyère,
Le mettre à son corsage ou s'en aller au loin,
Se coucher sous un arbre et rêver dans un coin,
Savourant les douceurs de sa libre paresse.
Le dimanche, pieuse, elle prie à la messe,
S'agenouille, et les yeux baissés avec ferveur,
Elle raconte à Dieu les secrets de son cœur.
Les plus jeunes garçons de tout le voisinage
Se plaignent quelquefois de son humeur sauvage,
Qu'on ne peut lui parler, qu'elle a de la fierté,
Et que, belle, elle abuse un peu de sa beauté.
On l'aime. La candeur qui sur son front respire
Retient toujours la voix qui voudrait le lui dire.
Elle aura dix-sept ans lorsqu'on vendangera ;
Et d'elle tôt ou tard l'amour se vengera.
Sous les grands marronniers, l'autre soir à la danse,
Sa main saisit ma main qui tremblait d'espérance,
Mais, distraite sans doute, elle serra si fort
Qu'il fallut un baiser pour nous mettre d'accord.

A. CUYP. PINX[t] — E. HACKER. SCULP[t]

LÉGENDE DES CAVALIERS.

LA LÉGENDE DES CAVALIERS

TRANSPORTEZ-VOUS par la pensée dans la vallée romantique où Bade est située. Laissez un instant de côté la ville, ses élégantes habitations, ses délicieuses promenades, et venez avec moi dans la forêt Noire. Asseyez-vous là, sous ces voûtes immenses de sombres sapins, devant une croix située à la rencontre de quatre chemins qui se perdent dans les profondeurs de la forêt.

Maintenant contemplez ce groupe de cavaliers et d'amazones que ne désavouerait pas le pinceau d'Alfred de Dreux, tant il a de grâce et d'entrain. Permettez-moi de vous présenter ces quatre têtes brunes et blondes; les deux dames d'abord : Mme la baronne de C***, veuve à ving-quatre ans, fille d'une de nos illustrations du premier Empire. Mme la baronne de C*** a fait fanatisme, l'hiver dernier, dans les salons de Paris. On l'a comparée à Diane chasseresse; cheveux châtain clair, adorable visage.

Mme R***, ravissante blonde de vingt-deux ans, étourdie, pétulante, veuve d'un honorable magistrat.

Arrivons aux messieurs.

M. Édouard T***, vingt-huit ans. La moustache brune et ironique; grand conteur de salons, liquide largement une belle fortune.

M. Alfred L***, trente ans. Sculpteur dont la signature a une réelle valeur dans le monde artistique. Belle tête à la Vandyck.

Les présentations étant accomplies, écoutons la fin d'une allocution prononcée avec beaucoup de chaleur par Édouard T***. La main tendue vers l'horizon, il semble consulter les astres; aurait-il découvert une planète?... Il a découvert mieux que cela : un orage qui se prépare et une cabane qui apparaît au bout d'une allée verte sur la lisière de la forêt.

« Voyons, mesdames, s'écria-t-il en terminant, la nuit approche, il va pleuvoir par torrents. Nos chevaux, que nous faisons galoper depuis près de deux heures, sont rompus de fatigue; pour regagner la vallée à travers bois, il nous faut une heure; pour atteindre cette cabane, il ne nous faut qu'un quart d'heure. Je mets aux voix. » La cabane fut adoptée à l'unanimité. Quelques instants après, nos cavaliers frappaient à la porte de cette masure.

« Entrez, » fit une voix rude.

L'intérieur de la cabane, si peu éclairé qu'il fût, laissa apercevoir à nos touristes un vieillard tout rabougri, qui portait une blouse et un large chapeau rabattu.

« Des cavaliers, ajouta-t-il; que viennent-ils faire ici? ils ne connaissent donc pas la légende de cette cabane, de ce toit maudit...! » Puis, baissant le front vers la terre :

« Sur le chemin qui de la forêt mène à Bade, il y avait une fois deux jeunes seigneurs et leur soldat qui revenaient de la guerre. L'un de ces jeunes seigneurs se reposait sur le talus de la route pendant que le soldat tenait le cheval en lesse. Survint une sorte de paysan, vêtu dans mon genre, qui demanda au soldat :

« — L'ami, combien voulez-vous me vendre ce cheval?

« — Passez votre chemin, rustre, répondit le soldat, ce cheval n'est pas à vendre; et fût-il à vendre, vous ne sauriez pas le guider; le noble animal aurait bien vite jeté dans la poussière un manant comme vous qui s'aviserait de vouloir le monter.

« — Eh bien, dit en souriant le paysan, si votre maître m'y autorise, je vais vous prouver que je suis le meilleur cavalier de toute l'Allemagne, et je défie l'autre seigneur qui est à cheval de faire ce que je ferai.

« — Soit, reprirent les deux jeunes gens. Nous allons voir ce prodige d'équitation.

« — Allons, drôle, enfourche cette monture, ajouta le soldat; et le hissant avec des éclats de rire sur la selle, il lui dit : Montre-nous ton savoir.

« Dès qu'il fut en selle, le paysan se transforma tout à coup. Quittant son air gauche et jetant en l'air son chapeau, il laissa voir sa chevelure blanche flottant aux vents; puis il fit cabrer élégamment le noble coursier et piqua des deux. Le jeune seigneur qui était à cheval n'eut que le temps de se mettre à sa suite.

« Mais bientôt la course devint effrénée; franchissant ravins, barrières, torrents, le cheval que montait le paysan semblait avoir des ailes; la nuit qui était venue n'interrompit pas cette diabolique excursion à travers champs. Le seigneur qui poursuivait le paysan ne pouvait plus maîtriser son propre cheval, et bientôt il ne tarda pas à être lancé au fond d'un abîme.

« Quant à l'autre seigneur et au soldat, on trouva le lendemain leurs deux cadavres au milieu de la forêt Noire. On transporta leurs corps à la place où a été élevée cette chaumière. Il paraît que le paysan en question était l'esprit des ténèbres qui, sous ce déguisement, s'était emparé des âmes des cavaliers en leur envoyant son souffle de mort.

« Et maintenant, mesdames et messieurs, que je vous ai dit l'histoire des cavaliers, voulez-vous toujours reposer sous ce toit?

« — Plus que jamais, répondit avec gaieté Édouard T***. Si le diable apparaît, ces dames l'exorciseront avec leur divin sourire.

« — Et puis, ajouta en riant Mme R***, j'ai sur moi un chapelet bénit par le pape, qui ne me quitte jamais, nous le montrerons à l'ennemi s'il ose faire mine de s'introduire ici.

« — Jeunes gens, vous l'avez voulu, interrompit brusquement le vieillard, le festin va commencer. » Et il tira violemment un long rideau rouge tout déchiré qui voilait le fond de la chaumière.

Au grand ébahissement des touristes, une table fort bien servie s'offrit à leurs regards. Huit convives, le visage couvert de suie et très-solidement bâtis, les regardaient d'un œil avide et sournois.

Il était trop tard pour reculer. Édouard fit signe au groupe qui l'entourait de prendre les siéges que leur offraient ces muets convives et de se mettre à table. Quant au maître de la cabane, il avait disparu.

Le souper était fort recherché. Nos voyageurs furent surtout effrayés de la beauté du linge et de l'argenterie, qui offrait une disproportion telle avec l'intérieur de la cabane et surtout de l'ameublement, que leur appétit disparut tout à coup. Les idées les plus fâcheuses leur traversèrent l'esprit, et ils se dirent mutuellement, par un regard jeté à la dérobée, que s'ils pouvaient obtenir la vie sauve en abandonnant leurs bijoux et leurs porte-monnaies, ils s'estimeraient très-heureux.

Au dessert, une magnifique corbeille de fleurs fut offerte aux dames. Sous les bouquets, quatre lacets en fil d'or furent retirés par l'un des convives qui prononça d'une voix sépulcrale l'ordre terrible que voici :

« Vous avez, imprudents, un quart d'heure pour vous recueillir. Nous laissons à chacun de vous un lacet que vous passerez autour de votre cou jusqu'à ce que mort s'ensuive. Pas de supplications, pas de prières; quand on vient dans la maison du diable, il faut mourir! Dans quinze minutes nous rentrerons, et si vous n'en avez pas fini avec vous-mêmes, nous nous chargerons personnellement de ce soin. »

Horrible! horrible! quand on est jeune, qu'on est riche, qu'on serait si heureux de revoir son cher boulevard des Italiens!

Les bandits s'étaient retirés. Il fallait mourir, et, chose cruelle, il fallait se donner la mort soi-même.

« Madame la baronne, demanda timidement Édouard, dites, m'aimez-vous; un mot, un seul mot, et je meurs de la mort des anges!

« — Je vous aime, un peu, beaucoup... » Et une marguerite effeuillée tomba des mains de la baronne évanouie pour passer dans celles d'Édouard.

« Ah! madame! disait Alfred L*** à Mme R***, la veuve si blonde et si charmante du magistrat, sauvez mon âme, faites-la monter au ciel en me laissant baiser cette main qui, jusqu'ici, m'a toujours repoussée.

« — La voilà, cette main, répondit avec un gros soupir Mme R***, et mourez en paix. Prenez aussi mon chapelet et récitez-moi les *Pater* et les *Ave* que je n'ai pas la force de prononcer. »

Pendant tous ces colloques *in extremis*, un silence lugubre s'était fait derrière eux. Le moment était venu de se passer le lacet autour du cou.

« Étranglez-moi doucement, je vous en supplie, demanda Mme R*** au sculpteur, je n'ai pas la force d'accomplir ce suicide. Et la pauvre baronne, où est-elle?

« — La baronne est évanouie; Édouard se charge d'elle, répondit avec des larmes dans la voix Alfred L***.

« — Dire, murmura Mme R***, que je n'ai même pas la force de m'évanouir pour échapper aux horreurs de l'agonie! Avouez que c'est jouer de malheur. »

Un rire fou, un rire homérique accueillit cette dernière parole. Les bandits se montrèrent, mais cette fois avec leurs visages naturels, qui étaient ceux de huit amis d'Édouard T*** et d'Alfred L***, que connaissaient parfaitement ces dames.

« Avons-nous bien joué notre rôle de bandits? demandèrent ces personnages. — Et moi, moi surtout, comme j'ai bien rendu le paysan à la légende, le vieux gueux! » ajouta un petit homme, M. D***, notaire à Paris.

Ces dames ouvrirent un œil; puis, comme en toutes circonstances les femmes n'avouent jamais leurs défaites : « Et nous, interrompit la baronne, n'avons-pas joué la peur au naturel?

« — Au naturel, c'est le mot, répondit Édouard; mais vous nous avez donné des gages, et nous ne vous les rendrons, mesdames, qu'en signant notre traité de paix.

« — Et ce traité, je le formulerai, s'écria le notaire, sous forme de contrat de mariage, si ces dames veulent bien le permettre. »

F. GOODALL, A.R.A. PINXT — E. GOODALL, SCULPT

UN NID D'ENFANTS.

UN NID D'ENFANTS

Le jour paraît, l'aube se lève :
Enfants, que votre âme s'élève !
Priez, chantez, chantez en chœur !
Enfants, bénissez le Seigneur !

Vous avez tout ce qu'on adore,
Des yeux d'azur, un teint vermeil,
La chevelure qui se dore
Sous un chaud rayon de soleil !
A vous, enfants, la moisson blonde,
Le gazon caressé par l'onde,
Et la couronne de bluets !
Le nid caché sous la feuillée,
Les gais refrains de la vallée,
Les contes des légers follets !

Comme une brise harmonieuse,
Vos chants joyeux remplissent l'air,
Frais papillons, troupe rieuse,
Vous vous mirez dans le flot clair ;
A vous la fleur de la prairie,
Les plaisirs purs, source tarie
Pour nous, pauvres cœurs soucieux !
A vous, enfants, l'oiseau qui chante,

UN NID D'ENFANTS.

Le ruisseau d'argent qui serpente
Et l'étoile qui luit aux cieux!

Enfants, quand paraît un nuage
Sur votre visage attristé,
Bientôt il fuit... comme l'orage
Passe à travers un ciel d'été.
Voilà que la cloche argentine
Appelle votre humeur lutine;
Pour le travail laissez les jeux.
Les premiers mots de la science,
Livrés à votre intelligence,
Viendront bientôt luire à vos yeux.

Votre cœur va de rêve en rêve,
Pauvre ignorant de son bonheur!
Mais, sans péril comme sans trêve,
Il se livre à sa folle ardeur.
Dieu vous accorda sur la terre
Le plaisir, l'espoir, la prière,
De toutes les ruches le miel;
Il vous donna deux bons génies:
Une mère aux amours bénies,
Un bon ange venu du ciel!

Le jour paraît, l'aube se lève:
Enfants, que votre cœur s'élève!
Priez, chantez, chantez en chœur!
Enfants, bénissez le Seigneur!

Ces vers de madame la BARONNE DE MONTARAN pourraient être inscrits au bas du ravissant tableau qui s'offrit à nos yeux, l'année dernière, pendant la saison des vacances, dans le parc du château de Nicolaï, à Montfermeil. Je découvris là un nid d'enfants d'une grâce, d'une élégance, d'une beauté à désespérer le pinceau de Winterhalter lui-même. Le soleil semblait jouer avec eux et les caresser de ses tons les plus doux, les plus harmonieux.

Je n'oublierai jamais cette scène charmante qu'a reproduite avec bonheur la gravure de notre album.

C.H. JEENS, SCULP^t

FRANK.

H. MANDEVILLE PARIS.

FRANK ET PAULA

PAR une belle journée, je m'étais approché d'une cabane située dans la vallée de Brixen, non loin du défilé de Mittevald. Une guirlande de lianes en verdissait la façade, et aux fenêtres se cachait le nid de l'hirondelle que l'on respecte comme un heureux présage. Une voix pure jetait au vent un cantique sacré, une prière à la Vierge. J'avance et j'aperçois, accoudée auprès de la fenêtre, une belle jeune fille. Un bouquet de giroflées et un livre de prières reposent près d'elle; son cou est blanc; les épis dorés de la plaine ne sont pas plus blonds que ses cheveux dont le vent soulève les flots onduleux, et ses longs cils noirs voilent sa prunelle lumineuse comme une étoile.

Une bonne vieille filait, assise près de la croisée. Un mouvement me trahit; la jeune fille s'avança à la fenêtre, m'aperçut et me dit : « Entrez, monsieur, soyez le bienvenu.

« — Comment se fait-il que vous parliez si bien français? demandai-je à la jeune Paula, qui, après m'avoir appris son nom, avait déjà répondu à plusieurs de mes questions.

« — J'ai été élevée à Innsbruck par ma marraine, qui a passé plusieurs années en France.

« — Votre retraite me semble douce; vous fait-elle oublier la ville?

« — Oh! oui, je suis heureuse ici sous les yeux de ma bonne grand'mère, répondit Paula en étouffant un soupir.

« — Votre vie solitaire suffit donc à vos désirs?

« — Que pourrais-je souhaiter au delà?... Le matin, le bouvreuil m'éveille avec sa voix légère; le jour, je ris, je travaille ou je chante; le soir, je me promène sur un gazon semé de pâquerettes; le soleil ne se couche pas sans m'envoyer un sourire, et la nuit nos vallées, nos montagnes sont baignées par les vapeurs argentées. N'est-ce pas assez pour le bonheur? » Et un nouveau soupir accompagna ces paroles.

Jeune fille qui soupire, désire ou regrette quelque chose. Avec ses seize années toutes fraîches, toutes couronnées d'espérances, avec son esprit cultivé, avec cette âme accessible aux émanations poétiques de la nature, que voulait, qu'attendait donc Paula?... Un fiancé, sans doute!... Le fiancé ou le mari était le sous-entendu de l'hymne à la madone que je venais d'entendre s'élever vers le ciel. — Vous êtes seule ici, repris-je, toute seule avec votre vieille grand'mère?.»

A cette question, la bonne vieille releva la tête et sourit en me disant : « Regardez son bouquet de giroflées. C'est le bouquet qu'elle cueille chaque jour depuis le retour du printemps en souvenir de son fiancé, Frank; le hardi chasseur de chamois, aujourd'hui chasseur tyrolien au service de l'Autriche, Frank a fait la campagne d'Italie, puis il a tenu garnison à Mantoue. Dès qu'il aura son congé, il reviendra dans nos montagnes; mais des bruits de guerre courent dans notre pays, et Dieu seul sait l'époque à laquelle nous reverrons ce brave jeune homme.

« — Vous aimez bien Frank? demandai-je à Paula.

« — Si je l'aime! pour moi il est tout.

« — Ingrate enfant, interrompit la grand'mère; voilà bien la jeunesse! et moi donc, on ne m'aime donc plus?

« — Oh! grand'mère! » s'écria Paula en s'agenouillant devant la bonne femme et en lui prenant les mains; puis ses yeux se remplirent de larmes et une douce averse tomba. Elle riait et pleurait à la fois. Il semblait que la vie débordait à flots pressés dans ce jeune cœur plein de joies et de tristesses indicibles.

« Consolez-vous, belle Paula, lui dis-je, celui que vous aimez reviendra.

« — Oui, je l'attends, Frank va revenir, la Vierge me l'a dit cette nuit dans mes rêves. Je l'ai vu, debout, sur la roche, au-dessus du défilé de Mittevald; il m'adressait un appel, et il tenait à la main un bouquet de giroflées comme celui qu'il me donna avant de partir pour rejoindre l'armée. C'était le soir... Dès que la nuit viendra, j'irai sur la roche l'attendre.

« — Tête folle! s'écria la bonne vieille, comment ferez-vous toute seule ce chemin? vous savez bien que mes jambes ne pourront vous suivre.

« — Quand il est parti, bonne mère, n'ai-je pas été l'accompagner toute seule? C'est sur cette roche solitaire, où je lui ai fait mes adieux, que ce soir j'irai l'attendre. Mon cœur me dit qu'il sera là. Je vous en supplie, grand'mère, laissez-moi faire. »

La bonne vieille ne répondit rien; son silence était un acquiescement, et Paula l'embrassa avec une tendresse reconnaissante.

Cette scène m'avait profondément touché, et quand la nuit vint, je me dirigeai vers la montagne, espérant que le rêve de Paula se réaliserait. Le ciel était pur et lumineux. Assis à l'écart sur un roc écarté, je me surpris à attendre comme Paula le retour de Frank.

Bientôt je vis se dessiner sur un tertre élevé le petit chapeau tyrolien de la jeune fille. Elle s'assit et regarda avec mélancolie les rochers voisins qui l'environnaient. Son attente ne fut pas longue : un grand et beau jeune homme apparut. Enjambant avec une facilité merveilleuse toutes ces pierres, tous ces sentiers, côtoyant autant d'abîmes, il semblait voler dans l'air. Un double cri se fit entendre : « Frank!... Paula!... » Et quelques instants après, les deux fiancés étaient dans les bras l'un de l'autre.

F. FOLTZ, PINXᵗ

C. H. JEENS SCULPᵗ

PAULA.

H. MANDEVILLE, PARIS.

J. M. W. TURNER, R. A. PINXᵀ — J. C. ARMYTAGE, SCULPᵀ

UN COUP DE VENT.

UN COUP DE VENT

Soudain le vent se lève, et voici les tempêtes !
Et dans son lit majestueux
La mer se fait géant : alors ses mille têtes
Redressent leurs fronts écumeux !

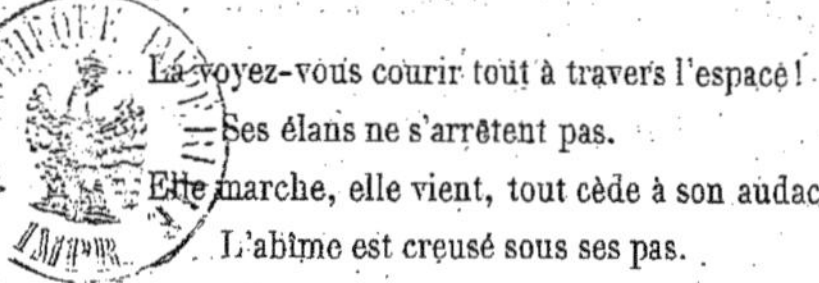

La voyez-vous courir tout à travers l'espace !
Ses élans ne s'arrêtent pas.
Elle marche, elle vient, tout cède à son audace,
L'abîme est creusé sous ses pas.

Les vagues en courroux, folles, échevelées,
Ainsi que des soldats fougueux
S'entre-choquent au sein des tonnantes mêlées
Dans leurs combats tumultueux.

Ruisselante d'écume, ivre dans sa colère,
La mer, en un ardent transport,
S'en va mordre le sable et déchirer la pierre,
Jetant au loin son cri de mort.

FRÈRE ET SŒURS

La promenade m'avait conduit à l'aventure sur les falaises de Sainte-Adresse, près du Havre. On touchait à la fin d'octobre, et déjà tous les touristes, tous les baigneurs, tous les oisifs avaient pris leur volée pour rentrer au logis. Près d'un arbre à demi dépouillé par le vent d'automne, sur un tertre élevé, m'apparut un groupe des plus gracieux. Une jeune fille tenait suspendu à son cou un petit enfant que lutinait un jeune garçon, en s'amusant beaucoup de ses rires et de ses impatiences joyeuses. Sous un habit rustique, ces enfants avaient un air de distinction vraiment remarquable; le jeune garçon surtout, qui paraissait avoir une quinzaine d'années comme la jeune fille, avait une physionomie tout empreinte de grâce et d'affabilité. Je m'approchai d'eux, et après avoir ri un instant des provocations faites au bébé, je leur demandai si leur famille demeurait à Sainte-Adresse.

« Nous n'avons pas de famille, nous répondit le jeune garçon; notre famille, c'est moi et mes deux sœurs, Jeanne et Louise, que voilà.

« — Et Lucien est tout à la fois notre frère et notre père, ajouta la jeune fille.

« — Comment! m'écriai-je, si jeunes et déjà orphelins?

« — Ah! monsieur, interrompit Lucien, notre mère est morte en donnant le jour à notre petite Louise, il y a trois ans. Elle avait eu bien des peines, bien des chagrins, notre pauvre mère! Notre père, qui n'habitait pas avec elle, se montrait toujours fort triste lorsqu'il venait passer quelques jours parmi nous. Quelques jours après la mort de notre mère, nous revîmes notre père. Il m'embrassa avec une sorte de sévérité, et me dit : « Tu es âgé de treize ans, ta sœur Jeanne en a douze; tu es donc l'aîné : c'est à toi d'avoir soin de tes deux sœurs. Je pars pour les pays lointains; je ne sais si je remettrai jamais le pied sur le sol de mon pays. Comme je ne veux confier à personne le secret de ma vie, j'ai assuré votre existence à tous les trois, suivant mes modiques ressources. Un notaire de Paris vous enverra tous les mois cent francs. C'est tout ce que je puis faire. » Et après avoir pressé dans ses bras mes deux sœurs, il s'éloigna.

« Depuis lors je n'ai plus entendu parler de lui. Vivant au milieu de pêcheurs qui nous aiment, nous en avons pris leurs habitudes; ma sœur travaille aux filets, et moi je commence à me livrer à la pêche côtière. Aujourd'hui, c'est jour de repos; voilà pourquoi vous nous voyez jouant avec la petite. »

Ces quelques paroles m'avaient été dites avec un ton de franchise et de simplicité qui me prévint en faveur de ces enfants. Mais le temps devenait sombre... de gros nuages s'amoncelaient; une tempête était imminente; nous n'eûmes que le temps de nous abriter dans la première cabane de pêcheur que nous rencontrâmes sur notre chemin.

Quelques instants après, la mer, soulevée par un vent furieux, battait la grève et les embarcations rentraient éperdues au port. Un trois-mâts de commerce, qu'on apercevait au loin, semblait à chaque instant menacé de sombrer. Bientôt le canon d'alarme se fit entendre à bord du trois-mâts. Pas une chaloupe n'osait se détacher du port pour porter secours au navire en détresse. C'est alors qu'un brave pilote, faisant appel à ses camarades, s'élança sur un bateau de sauvetage, suivi de quelques jeunes gens, au nombre desquels se rangea le brave Lucien.

Au milieu de l'horrible tourmente, le bateau disparut; tous sur le rivage, nous joignîmes les mains, demandant à Dieu d'épargner la vie de ces braves gens et de sauver ceux qu'ils allaient secourir avec tant d'intrépidité, tant d'abnégation.

Mes vœux ne devaient être qu'en partie exaucés. D'autres barques, entraînées par l'exemple, avaient suivi celle du pilote, et une heure après elles revenaient au port, ramenant une partie des hommes composant l'équipage du trois-mâts. Sur vingt personnes, sept avaient péri; le capitaine était au nombre des morts. Lucien s'abandonnait à la douleur.

« Avoir revu mon père! s'écriait-il, et n'avoir pu le sauver!

« — Tiens, dit rudement un matelot du trois-mâts, le capitaine, c'était ton père! Eh bien, en ce cas, voilà un portefeuille qui t'appartient, mon gars, si tu peux prouver que tu es le fils de M. H***, l'un des plus riches capitaines au long cours des Indes françaises. »

Quelques jours après cet événement, j'appris que le frère et les deux sœurs que j'avais rencontrés sur la falaise entraient en possession d'une très-belle fortune qui leur était léguée par un testament régulier de M. H***, dont la vie mystérieuse resta enveloppée d'un impénétrable secret.

LA VIE CHAMPÊTRE

Non loin de Poitiers, sur les bords de la charmante petite rivière du Clain, s'élève un moulin que dans la contrée on nomme le *Moulin aux araignées*. Le proprétaire du moulin, qui a rendu depuis dix ans de grands services dans le pays en mettant en pratique toutes sortes de procédés économiques pour l'agriculture et la minoterie, passe pour un singulier original. Grand, sec, vêtu d'habits toujours sombres, il ne rit jamais; il vit seul, avec son chien, sur le bord de l'eau, dans une sorte de masure qu'il a fait approprier à son usage, laissant à la disposition du nombreux personnel qu'il emploie les chaumières qui entourent le moulin et qui lui appartiennent.

Cet homme a une passion, dit-on, pour les insectes; l'araignée est une de ses protégées. Il ne veut pas qu'on touche à leurs toiles, et, dans tous les coins de son domaine, on les voit se livrer en paix à leur industrie. De là le nom qu'a reçu le moulin.

« Cet homme appartient-il à la famille des fous ou des maniaques? » demandai-je un jour à l'un de mes amis, substitut du procureur général de Poitiers, qui m'accompagnait dans une promenade dirigée du côté de ce moulin.

Le substitut, avant de me répondre, tourna la tête à gauche, à droite; puis s'étant assuré que nous étions complétement seuls : « Cet homme, me dit-il, est un sage qui a fait quinze ans de bagne pour sauver l'honneur de son père qui était un faux monnayeur. J'ai lu toutes les pièces du dossier. Le père est mort dans l'opulence, il y a vingt ans, à l'île Bourbon, et le fils a été rendu à la liberté un an après la mort de son père. Mais ces tristes précédents ne sont pas connus dans ce pays. La condamnation a été prononcée à l'île Bourbon contre le nommé S***, et le propriétaire du moulin n'est connu que sous le nom de sa mère, J***.

« Il paraît qu'au bagne, la seule distraction qu'il se soit jamais permise pendant ses longues années de captivité, à l'exemple d'illustres détenus, c'était de protéger la toile des araignées qui venaient filer au-dessus de son lit de camp. Il avait supplié le garde-chiourme de lui passer cette fantaisie, et comme c'était un bon travailleur, un sujet fort obéissant, du reste, le garde-chiourme ferma les yeux sur cette infraction à la discipline. »

Nous étions arrivés près du moulin. Nous entrâmes dans une grande salle où étaient déposés de nombreux sacs de farine. Le propriétaire du moulin était là, assis, suivant d'un œil rêveur quelque chose d'informe qui s'étalait dans l'angle du mur.

« Sortons, me dit le substitut, ne dérangeons pas ce pauvre homme, qui a appris la résignation, la prudence et le travail à l'école du malheur.

« La vie du bagne a été remplacée pour lui par la vie champêtre, et c'est dans cette vie-là que l'on apprend à respecter les plus vils insectes, les plus humbles animaux. Tout ce qui croît sous le soleil, depuis le moucheron jusqu'à la cigale, depuis le ver jusqu'à la fourmi, depuis la chenille jusqu'au papillon, tout se fond dans une harmonie générale qui est le souffle de Dieu. Chaque insecte travaille comme le pauvre pour gagner sa vie. Prêtez l'oreille au milieu du silence des bois et des champs, vous entendrez bruire toute une légion d'insectes qui représentent l'image la plus parfaite du travail acharné, persévérant. Ils sont là qui creusent chacun à leur manière.

« Toi aussi, homme, a dit Michelet, ce grand poëte de la nature, ce grand historien des infiniment petits, suis ton travail, creuse et fouille ta pensée. Spectacle admirable que celui des champs pour guérir de la grande maladie du jour, la mobilité, la vaine agitation. Ce temps ne connaît point son mal ; ils se disent rassasiés lorsqu'ils ont effleuré à peine. Ils partent de l'idée très-fausse, qu'en toute chose le meilleur est la surface et le dessus, qu'il suffit d'y porter les lèvres. Le dessus est souvent l'écume. C'est plus bas, c'est au dedans qu'est le breuvage de la vie. Il faut pénétrer plus avant, se mettre davantage aux choses par la volonté et par l'habitude, pour y trouver l'harmonie où sont le bonheur et la force. Le malheur, la misère morale, c'est la dispersion d'esprit.

« La vie champêtre nous apprend à aimer, à pardonner, à oublier, elle nous rapproche du Créateur en nous mettant en présence continuelle de la nature. »

LA VIEILLE ÉCOSSE

ANS les châteaux de l'Écosse, où on le trouve encore, le fauconnier occupe une place à part. Il est situé dans la hiérarchie sociale à beaucoup de degrés au-dessus de la domesticité ordinaire, il commande aux autres et n'est commandé par personne. Il n'obéit pas, il dirige; son maître le consulte. Dickson Perkins a cinquante ans; au physique, grand, sec, grisonnant, l'air robuste; au moral, fauconnier de père en fils. Il est né le même jour que sir Ewen Mac-G***, propriétaire d'un château situé à quleques milles au nord-est d'Inverness.....

« Perkins loge au bout du parc, tout près de ses bêtes. Le faucon a besoin d'un camérier; il faut le soigner la nuit aussi bien que le jour.

« L'appartement de Perkins est un musée populaire. On fait chez lui un voyage en Écosse. De la porte à la fenêtre, costumes, armes, vêtements, bijoux à bon marché, peaux de loutre et de renard, bois du premier cerf, ramure du dernier daim tué par sir Ewen, rien n'y manque, pas même le portrait du poney de miss Ellen, ni, Dieu me pardonne, l'image rebondie et vénérée du verrat couronné au concours d'Inverness; les oreilles traînent jusqu'à terre, les jambes disparaissent, il ne marche pas, il roule; ce n'est pas un animal, c'est une boule. Tout à côté, sur un arbre aux mille rameaux, la généalogie des chiens du château. Pour la plupart, ils remontent par les mères jusqu'au fameux *Bran*, le chien de Fingal, qui avait les yeux bleus : *Blue eyed Bran*, dit Ossian. J'écrirai peut-être quelque jour la vie de Perkins; je l'appellerai le dernier des Écossais.

« Perkins a le courage de ses opinions; c'est un mérite comme un autre; — c'est même à mes yeux un mérite plus grand qu'un autre.

SIR E LANDSEER R A PINX[t] — C ARMYTAGE SCULP[t]

« Au milieu de notre siècle esprit fort, incrédule et railleur (il l'est moins aujourd'hui), Perkins est un des derniers représentants de la vieille croyance écossaise aux sorciers, aux fées, aux lutins, aux enchantements, aux charmes et aux conjurations. Ni les représentations de sir Ewen, ni les railleries de miss Ellen, ces railleries de jeune fille, flèches barbelées qui restent sous l'épiderme, n'ont pu tuer sa foi vivace : avec moi, qui me pique de savoir écouter, il s'en donne à cœur joie! il a autant de plaisir à parler que j'en ai à l'entendre : il s'amuse et j'apprends!

« Ils sont deux au château de cette force-là ; les deux font vraiment la paire. Le second est le berger de sir Ewen : qui dit berger dit un peu sorcier dans tous les pays. La solitude qui les éloigne de l'homme les rapproche de la nature. On suppose qu'à force de l'étudier ils en ont deviné les secrets.....

« Chez sir Ewen, le vieux Mac-Niel accepte les charges et les bénéfices de sa position de berger. Il ne demande pas mieux que d'être craint.....

« On soupçonne que Mac-Niel est allé au pays d'*Elf Land,* patrie des mystérieuses terreurs, des spectres, des enchantements et des vaines apparences. L'Elf Land, c'est la terre des fées, c'est leur royaume, car elles sont en monarchie, seulement leur roi est une reine ainsi qu'il convient chez les fées. On sait de quelle main légère et vaillante Titania tenait son sceptre d'ivoire !

« Mais le Gaël transporté à Elf-Land pour crime lèse-majesté ne doit pas s'attendre à faire un voyage d'agrément : il est victime d'une foule de mystifications. On le fait asseoir à une table richement servie, et le wisky et l'usquebaugh scintillent comme des diamants et des rubis limpides dans des coupes d'or fin ; les cerfs tout entiers défient l'appétit le plus robuste. De belles femmes souriantes font les honneurs du festin au nouvel arrivant. Mais il n'y a pas de sel sur la table, car le sel est l'emblème de l'immortalité, et les fées doivent mourir.

« Cependant le convive terrestre veut du sel : il lui en faut, il en cherche, il en demande... c'est l'instant fatal. — Tout à coup, au moment où il s'apprête à jouir de ces délices inespérés du septième ciel, — un bon souper ! — il n'y a plus qu'un gâteau d'avoine sur son assiette de bois, que de l'eau claire dans sa tasse d'argile, et, déception plus amère encore, à la place des merveilleuses beautés, il n'aperçoit que de hideuses sorcières qui dansent autour de lui des rondes magiques ; le chat noir aux yeux verts fait entendre d'affreux miaulements, tandis que le crapaud aux yeux d'or, le crapaud familier, jette par intervalle ses notes mélancoliques, modulées comme les soupirs de la flûte lointaine. Cependant le cercle se rétrécit toujours, la ronde tourne, tourne...

« Tout à coup le Gaël se réveille au fond d'un glen, à l'ombre d'un rocher... Il se demande s'il a rêvé, il porte la main à son front moite de sueur, ses cheveux roux se tordent et se hérissent comme des serpents... il se lève et fuit le lieu maudit...

« Outre les fées qui appartiennent à la poétique générale de l'Écosse, il y a encore les fées particulières de chaque contrée et de chaque famille. Tout le monde connaît la fée d'Avenel, à laquelle nous devons cette spirituelle et gracieuse musique, la *Dame Blanche,* que chantent tous nos souvenirs. On distingue encore le *Bhar-Geist,* toujours sévère ; le *Dobie,* qui aime les maisons habitées ; le *Boyle*, gnome du Nord, qui se loge dans les fentes des rochers, dans les grottes et dans les cavernes : c'est lui qui garde le trésor suspendu des stalactites; c'est lui qui recouvre d'une terre avare la veine des métaux précieux; c'est lui qui cache les pierreries étincelantes dans l'écrin des mines profondes. Enfin, l'*Ourisk* est le lutin écossais. Comme le dieu Pan, il tient de l'homme et du bouc. Mais, au lieu d'avoir l'effronterie railleuse et cynique du dieu antique, il a je ne sais quoi de sentimental et de mélancolique qui lui fait perdre tous ses avantages : il a du cœur, on en abuse. Voilà le fruit de mes entrevues avec le berger et le fauconnier de sir Ewen. Je riais de l'un; l'autre me le rendait.

« Quoi qu'il en soit, l'imagination avide des Gaëls brode de mille fantômes cette trame merveilleuse : c'est le sujet de maints récits qui se content les soirs d'automne au coin du feu de tourbe; c'est le thème de mainte ballade que chante la jeune fille avant de chanter l'amour. »

Ces pages, que nous avons extraites du *Voyage pittoresque en Angleterre, en Écosse et en Irlande*, par Louis Énault, ne donnent qu'une faible idée de ce livre, qui devrait être lu et relu par tous les touristes, tant il a de grâce et de vérité, tant il reproduit avec charme les légendes de la vieille Écosse.

PARIS — IMPRIMERIE DE P.-A. BOURDIER ET Cᵉ RUE MAZARINE, 30.

www.ingramcontent.com/pod-product-compliance
Ingram Content Group UK Ltd.
Pitfield, Milton Keynes, MK11 3LW, UK
UKHW012043240726
13965UKWH00003B/1018

9 782013 361989